高等学校创新型实验教材

高等学校设计型"十三五"规划教材

U0261644

精细化工实验与设计

JINGXI HUAGONG

SHIYAN YU SHEJI

谢亚杰　宗乾收　缪程平　编著

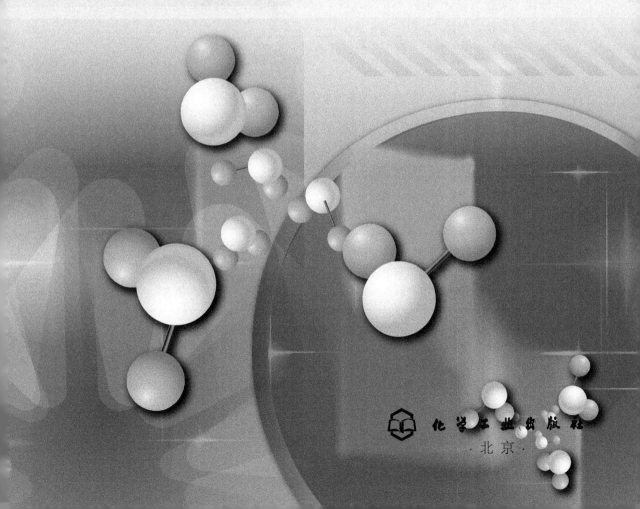

化学工业出版社

·北京·

《精细化工实验与设计》分为精细有机合成实验、精细化工工艺实验、精细化工综合实验、制药工程综合实验四个模块。内容涉及药品中间体、农药中间体及助剂、催化剂、涂料、香精香料、合成胶黏剂、合成洗涤剂、染料及助剂、稀土发光材料、润滑油添加剂、表面活性剂、超分散剂、药品及制剂 13 大类化学品共计 57 个实验。全书有两大特点：一是在内容编排上，将基础合成实验、工艺实验和精细化工综合实验及制药工程综合实验统一编序为模块 1～模块 4；二是在项目构架上突出实验与设计共存的理念。

本书可作为高等学校精细化工、化学工程与工艺（精细化工模块）、制药工程（化学制药模块）等专业教材，还可供化学化工相邻专业及从事精细化工与制药工作的科技人员参考。

图书在版编目（CIP）数据

精细化工实验与设计/谢亚杰，宗乾收，缪程平编著. —北京：
化学工业出版社，2018.12（2020.9 重印）
高等学校创新型实验教材　高等学校设计型"十三五"规划教材
ISBN 978-7-122-33138-0

Ⅰ.①精… Ⅱ.①谢…②宗…③缪 Ⅲ.①精细化工-化学实验-高等学校-教材 Ⅳ.①TQ062-33

中国版本图书馆 CIP 数据核字（2018）第 228948 号

责任编辑：陆雄鹰　杨　菁　闫　敏　　　　　文字编辑：陈　雨
责任校对：王　静　　　　　　　　　　　　装帧设计：张　辉

出版发行：化学工业出版社（北京市东城区青年湖南街 13 号　邮政编码 100011）
印　　装：北京虎彩文化传播有限公司
787mm×1092mm　1/16　印张 8¼　字数 181 千字　2020 年 9 月北京第 1 版第 2 次印刷

购书咨询：010-64518888　　　　　　售后服务：010-64518899
网　　址：http://www.cip.com.cn
凡购买本书，如有缺损质量问题，本社销售中心负责调换。

定　　价：29.00 元　　　　　　　　　　　　　　版权所有　违者必究

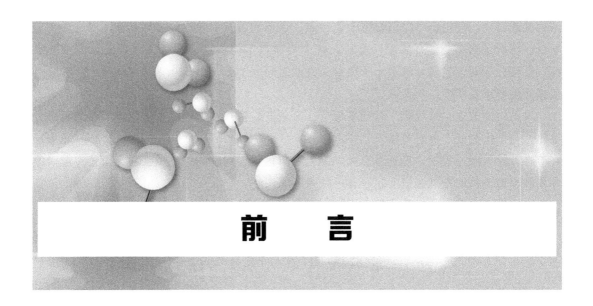

前　　言

随着国家对精细化工领域关注度的不断提升，高等学校于 2017 年再一次拉开了按专业招生的大幕。精细化工及相关专业的生存与发展竞争，不仅需要对人才培养方案与教学计划、教学模式等做出必要的修订与调整，也迫切需要对原有的专业实验教材进行更新和特色凝练。精细化工、化学工程与工艺（精细化工模块）属于传统专业，而制药工程（化学制药模块）属于新建本科专业。鉴于化学药品及中间体属于精细化学品之一，上述各专业在化学品体系及人才培养规格上有交集，并且各专业的"专业综合实验"环节，其课程性质及学时数也相同或相近，为同时适应上述多个专业对实验教材的需求，我们一方面在原有的"精细有机合成实验"与"精细化工工艺实验"讲义基础上，进行了内容上的深化与扩展；另一方面增设了"精细化工综合实验"和"制药工程综合实验"环节，结合多年来的科研积累与相关学科新近成果编写了这本《精细化工实验与设计》。本书是精细化工专业、化学工程与工艺专业（精细化工模块）和制药工程专业（化学制药模块）的实验教材。

本书有两个突出的特点：一是在内容编排上，将精细有机合成实验、精细化工工艺实验和精细化工综合实验及制药工程综合实验统一编排为模块 1～模块 4，既体现精细化学品及其产品工程的特征，又兼顾精细化工、化学工程与工艺（精细化工模块）及制药工程（化学制药模块）等专业的培养目标；二是在项目构架上突出实验与设计共存的理念，尤其是在综合实验中，从小试实验（包括方案设计、合成、表征、性能测试等）出发，扩展到中试工艺设计（包括工艺流程设计、物料及能量衡算、主要设备工艺设计等），形成一个比较完整的精细化学产品工程初步训练体系。

本书可作为高等学校精细化工、化学工程与工艺（精细化工模块）、制药工程（化学制药模块）等专业教材，还可供化学化工相邻专业及从事精细化工与制药工作的科技人员参考。

本书既具有精细化学品品种多、应用面广、技术密集等特点，也兼顾精细化学品的典型性、有机合成反应类型的广泛性、实验技术的可操作性及测试手段的先进性等。为贯彻因材施教原则，使用本书时可根据专业特点、课程性质及实验学时数等具体情况选做实验项目。特别是两个"综合实验"模块，每个大项目不同程度地包括方案设计、合成、表征、性质分析及工艺设计等多个子项目，完成时间大约为40～120学时（约1～3周），可根据大纲要求及实验条件选做。

本书由谢亚杰、宗乾收、缪程平编著。汪剑波、刘丹、宋熙熙、屠晓华等参与了部分工作。全书由谢亚杰负责统稿。

在教材出版过程中，得到了嘉兴学院生物与化学工程学院、化学工程与工艺专业建设专项和李蕾老师的支持和资助，在此一并表示感谢。

由于编者水平有限以及时间仓促，疏漏与不妥之处尚祈读者批评指正。

编著者

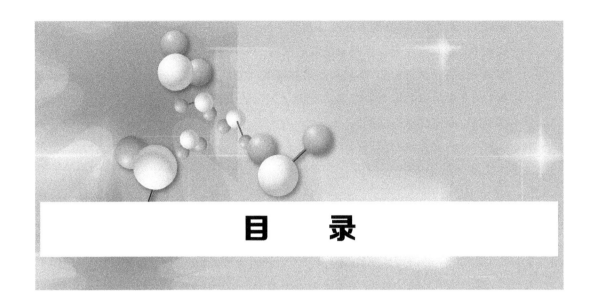

目　　录

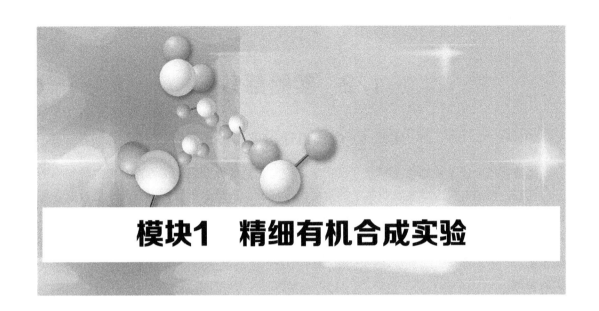

模块1 精细有机合成实验

1.1 概　　述

　　所谓"精细有机合成"，是指以简单的有机物和无机物为原料，利用有机反应创造新的、更复杂、更有价值的有机化合物的过程。有机反应类型包括卤化、磺化、氧化、还原、重排、缩合、烷化、酰化等。精细有机合成有两大任务：一是实现有价值的已知化合物的高效生产；二是创造新的有价值的物质与材料。"精细有机合成"有两个基本目的：一是合成一些特殊的、新的有机化合物，探索一些新的合成路线或研究其他理论问题，即实验室合成。为这一目的所需要的量较少，但纯度常常要求较高，而成本在一定范围内不是主要问题。二是工业上大量生产，即工业合成。为了这一目的，成本问题是非常重要的，即使是收率上的极小变化或工艺路线或设备的微小改进都会对成本造成很大的影响。

　　本模块以典型精细化学品为例，进行精细有机合成实验与设计训练，包括精细化学品的合成、设计与表征。本模块可作为"精细有机合成"课程配套的实验教材内容，也可供精细化工及相关研究人员参考。

1.2 实验部分

实验1 实验设计指导与要求

精细有机合成是精细化工专业（或化学工程与工艺专业精细化工方向）实践性很强的一门课程。精细有机合成实验是教学的重要组成部分。根据教学计划安排与专业特点，可以选择相应学时的实验项目。本教材的实验项目均为小型设计性项目，在实验之前需要进行方案设计。本实验主要是对精细有机合成实验项目的具体实施提供总体指导，需要2学时完成。

实验目的

① 在掌握基本的化学实验技术基础上，学会在实验室里合成、分离提纯有机化合物的常用方法和基本操作。

② 培养良好的实验室工作习惯和科学严谨的工作作风以及分析解决问题的能力。

③ 培养观察、推理能力以及由实验素材总结系统理论的思维方法。

实验内容与要求

模块1为精细有机合成实验，内容包括十一个实验项目，可以根据专业特点与教学时数不同具体选择。例如，精细化工专业实验教学时数为32学时，其开设内容选择见表1-1。

表1-1 精细有机合成实验内容

序号	实验项目	学时	备注
1	实验设计指导与要求	2	必做
2	对甲苯磺酸的设计与合成	8	必做
3	1,4-二氢-2,6-二甲基吡啶-3,5-二甲酸二乙酯的合成与设计	8	必做
4	3,5-二甲基-2,4-吡咯二甲酸乙酯的合成	8	选做
5	6-甲基脲嘧啶的合成	16	选做
6	香兰素的合成	14	选做
7	香豆素类荧光增白剂 PEB 的合成	12	选做
8	活性艳红 X-3B 的制备	12	选做
9	4-苄氧基硝基苯的合成及结构表征	6	选做
10	3,6-二溴-2,7-二羟基萘的合成	8	选做
11	稀土配合物的制备、表征与发光性能分析	8	选做

精细有机合成实验要求熟练掌握有机合成实验的一般操作技能，学会重要有机化合物的制备、分离、纯化和鉴定方法。培养实事求是的科学态度、良好的实验素养和分析问题、解决问题的独立工作能力。

仪器与设备

三口烧瓶、四口烧瓶、球形冷凝管、直形冷凝管、温度计、布氏漏斗、抽滤瓶、锥形瓶、恒压滴液漏斗、水浴、循环水泵、电热套、铁架台、电热磁力搅拌器、电动搅拌器、阿贝折光仪、烧杯、量筒、表面皿等。

实验设计注意事项

精细有机合成的实验设计是基础研究的首要环节，是从目标分子出发，查找资料，选择合适的实验方法、实验装置、操作步骤，来合成所需的产品。为此，需要注意以下内容。

（1）实验前精心准备

① 仔细阅读实验指导书。了解原理、反应方程式、注意事项。

② 查阅资料。掌握原料与产物的物理常数，如分子量、性状、折射率、密度、熔点、沸点、溶解度、腐蚀性、毒性、易燃易爆性等，为实验方案设计做准备。

③ 设计分析。

a. 设计原料配比。根据给定反应的反应原理，分析影响因素与实验条件，如原料摩尔比、温度、反应时间、催化剂及其他因素与加料方式等对反应收率的影响，设计适当比例，可以分组讨论，制订实验方案。

b. 设计反应装置。根据实验方案和条件，设计实验装置。

c. 设计反应过程。根据讨论得到的实验方案与实验装置，提出影响因素（如时间分配）设计反应过程，画出相应的流程简图。

d. 设计分离过程。分析实验体系的性状、可能成分等情况，考虑分离条件与影响因素，如溶剂种类、加入量或比例、温度等，设计分离方案。

e. 设计纯度检测、结构鉴定方法。考虑熔点或折射率检测产品纯度。用红外光谱（简称 IR）、氢核磁共振波谱（简称 ^{1}H NMR）等做结构表征。分析讨论原料与产品之间的官能团的变化，寻找观察 IR 或 ^{1}H NMR 表征的特征波数或特征化学位移范围的变化。

f. 确定分组方式。根据学生实际人数分组，每组 1～2 人（由各班班长、学委和课代表共同负责分组，分组情况提前告知指导老师和班级每位同学）。

（2）实验过程中科学、严谨

① 实验过程中应十分谨慎，避免割伤、烧伤、烫伤、中毒、触电、火灾、爆炸等事故发生，能够进行复杂、危险性高的操作，并能够正确使用有毒药品。

② 实验中使用了标准磨口仪器，要注意保持清洁，使用前用少量凡士林涂抹磨口部分，以免磨损。实验后立即拆卸，并用乙醇、丙酮或洗液等洗净，洗后将磨口仪器分开放置。

③ 严禁加热密闭体系，必须通大气或减压装置，以免发生冲料或爆炸。

④ 酸、碱、腐蚀性的废液及毒性有机溶剂要倒入废液桶，集中处理，不得倒入水槽。

⑤ 对于危险性较大的实验，应佩戴胶皮手套、护目镜等，并在通风橱中进行。一旦中毒应及时处理并送医院治疗。

⑥ 必须以科学的态度对待实验，在实验过程中应仔细观察实验现象，善于思考，及时做好实验记录。实验记录要真实、清晰、并妥善保管。

（3）实验后认真总结

① 认真、规范地记录、处理实验数据或图谱，解释实验现象。

② 按照要求撰写实验报告。

实验成绩评定

（1）考核形式

本实验以考查形式确定成绩。成绩评定方法按照设计、操作、产品质量及报告四部分进行。详细比例见表1-2。

表1-2　精细有机合成实验成绩评定方法

考查形式	设计	操作	产品质量	报告	总计
占比/%	40	20	20	20	100

实际实验成绩占比以相应实验大纲为准。

（2）成绩评定方式

成绩最后评定按照十一等级分制评定。

实验2　对甲苯磺酸的设计与合成

实验目的

① 学习芳香族的磺化反应。

② 了解制备对甲苯磺酸的原理和方法。

③ 掌握分水器的使用、回流以及重结晶操作。

实验原理

对甲苯磺酸是一个不具氧化性的有机强酸，为白色针状或粉末状结晶，可溶于水、醇、醚和其他极性溶剂。极易潮解，难溶于苯和甲苯。对甲苯磺酸广泛用于合成医药、农药、聚合反应的稳定剂及有机合成（酯类等）的催化剂、涂料的中间体和树脂固化剂。是有机合成常用的酸催化剂。目前，合成对甲苯磺酸的方法主要基于用硫酸、三氧化硫、氯磺酸等试剂对甲苯的磺化。本实验采用硫酸对甲苯的磺化反应，属于综合设计性实验，计划需要8学时。

甲苯与浓硫酸在加热条件下反应可制得对甲苯磺酸，通过重结晶可得到较纯的产品。

主反应：

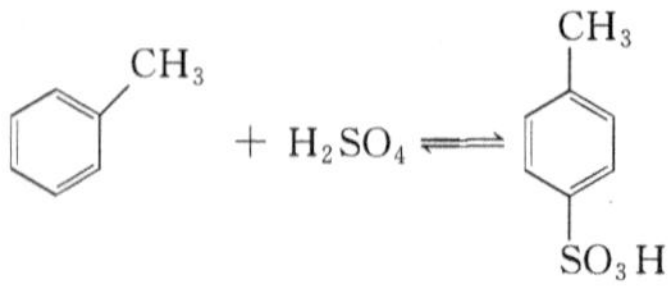

$$(1\text{-}1)$$

副反应：

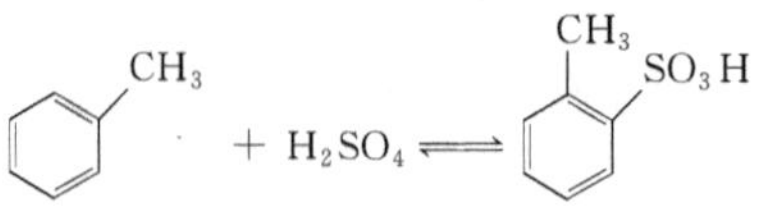

$$(1\text{-}2)$$

仪器和药品

仪器：真空蒸馏装置、电磁加热搅拌器、恒温箱、电子天平、圆底烧瓶（50mL）、分水器、冷凝管、锥形瓶、烧杯、布氏漏斗。

药品：甲苯、浓硫酸、浓盐酸等。

实验步骤

在 50mL 圆底烧瓶内放入 25mL 甲苯，一边摇动烧瓶，一边缓慢地加入 5.5mL 浓硫酸，加入磁石后，放在电磁加热搅拌器上，回流 2h 或至分水器中积存 2mL 水为止。

静止冷却反应物。将反应物倒入 60mL 锥形瓶内，加入 1.5mL 水，此时有晶体析出。用玻璃棒慢慢搅动，反应物逐渐变成固体。用布氏漏斗抽滤，用玻璃瓶塞挤压以除去甲苯和邻甲苯磺酸，得粗产物约 15g。

若要得到较纯的对甲苯磺酸，可进行重结晶。在 50mL 烧杯（或大试管）里，将 12g 粗产物溶于约 6mL 水中。往此溶液里通入氯化氢气体，直到有晶体析出。在通氯化氢气体时，要采取措施，防止"倒吸"。析出的晶体用布氏漏斗快速抽滤。晶体用少量浓盐酸洗涤。用玻璃瓶塞挤压去水分，取出后保存在干燥器里。

设计要求

① 从反应原理上讨论设计实验装置；

② 从方程式讨论实验配方；

③ 从原理上讨论加料顺序和反应时间；

④ 通过对物理常数的查阅讨论分离方法；

⑤ 讨论产物的纯度检测方法（气相色谱分析方法，折射率测定）；

⑥ 讨论产物与原料之间的官能团变化，通过红外光谱测定结构。

思考题

① 利用什么性质除去对甲苯磺酸中的邻位衍生物？

② 在本实验条件下，会不会生成相当量的甲苯二磺酸？为什么？

③ 讨论对甲苯硫酸磺化制法的优缺点。

实验3　1,4-二氢-2,6-二甲基吡啶-3,5-二甲酸二乙酯的合成与设计

1,4-二氢-2,6-二甲基吡啶-3,5-二甲酸二乙酯是重要的有机合成中间体。乙酰乙酸乙酯与乌洛托品在醋酸铵的催化下缩合反应生成 1,4-二氢-2,6-二甲基吡啶-3,5-二甲酸二乙酯，此反应的特点是两分子的含有活性亚甲基的乙酰乙酸乙酯与一分子的甲醛发生亲核加成反应，产物异构化得烯醇结构，再与氨发生缩合脱水反应得到目标产物。计划 8 学时完成。

实验目的

① 了解杂环的制备方法，应用缩合反应的原理和条件进行吡啶衍生物的合成。

② 学习磁力搅拌器和固体物质的提纯方法。

③ 巩固回流、抽滤、重结晶等操作技能。

④ 掌握固体物质纯度测定方法和结构测定的方法。

实验原理

1,4-二氢-2,6-二甲基吡啶-3,5-二甲酸二乙酯的合成路线如图 1-1 所示。

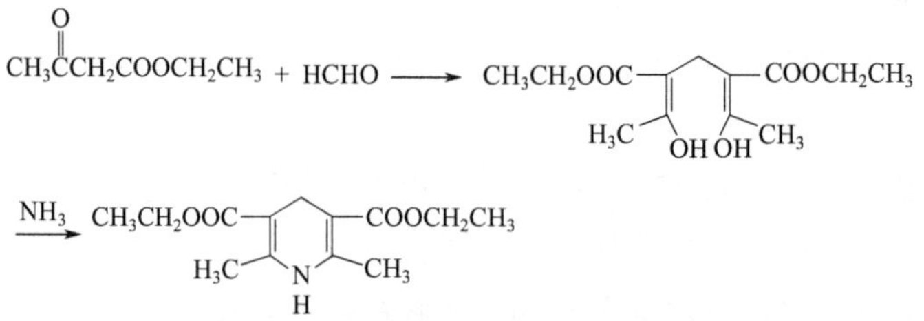

图 1-1　1,4-二氢-2,6-二甲基吡啶-3,5-二甲酸二乙酯的合成路线

仪器和药品

　　仪器：电磁加热搅拌器、恒温箱、电子天平、三口圆底烧瓶、冷凝管、烧杯、量筒（50mL）、温度计、布氏漏斗、循环水真空泵、薄层板。

　　药品：乙酰乙酸乙酯、六次甲基四胺、乙酸铵、乙醇、蒸馏水。

实验步骤

　　在 250mL 三口圆底烧瓶中依次加入乙酰乙酸乙酯 6.51g（50mmol），六次甲基四胺 5.26g（37.5mmol），相转移催化剂乙酸铵 0.1g，蒸馏水 100mL 和乙醇 2.5mL，装上回流冷凝管，在水浴温度 50～55℃磁力搅拌反应 45min，有淡色晶体析出，薄层板测到反应终点后冷却至室温，抽滤，用乙醇重结晶，产品干燥后得浅黄色晶体 5～6g，收率 88% 左右，测定熔点，179～180℃。

　　1,4-二氢-2,6-二甲基吡啶-3,5-二甲酸二乙酯的红外光谱（IR）主要吸收峰波数及其归属如下：1760cm^{-1}（C=O），1600～1650cm^{-1}（C=C），1150～1200cm^{-1}（C—O）。

设计要求与思考题

　　① 从实验原理出发设计原料配比。

　　② 从实验反应条件出发设计实验装置。

　　③ 从原料的物理常数等条件设计实验步骤和反应温度、催化剂、溶剂、反应终点的确定。

　　④ 设计出产物的纯化方法和纯度测定方法。

　　⑤ 设计出产物的结构测定方法，写出红外光谱分析此化合物的意义。

　　⑥ 完成一份设计实验报告后经教师认可才能完成实验。

设计实验评分标准

　　① 设计实验开题报告，1000～2000 字，占实验分 40%。

　　② 实验以每人 1 组单独操作。六人一个大组，分别选择合成工艺条件——温度、反应时间、催化剂用量、原料配比四个工艺指标进行设计，每大组讨论一个影响因素。操作占实验分 30%。

　　③ 设计内容与完成情况讨论，写出实验报告。占实验分 30%。

实验4　3,5-二甲基-2,4-吡咯二甲酸乙酯的合成

　　吡咯及其衍生物作为有机化学中杂化类化合物中重要一类，广泛存在于自然界中。如与生命过程有关的两种含有吡咯环结构色素中心——血液呼吸的血红素和植物绿色光合作

用的叶绿素，它们是在生物细胞单吡咯化合物胆色素原中被合成的，有芳香性的吡咯在基础的新陈代谢中起着重要作用。吡咯类衍生物还普遍存在于生物碱、蛋白质、天然染料以及药物中。对吡咯合成和反应的方法学研究一直受到重视。在经典的有机人名反应中，有很多关于吡咯的合成，如 Paal-Knorr、Knorr 和 Van Leusen 等方法。近些年来，也有关于吡咯及其衍生物的新合成方法被报道，并大量应用。本实验采用 Knorr 吡咯合成法制备吡咯类化合物 3,5-二甲基-2,4-吡咯二甲酸乙酯，属于综合性实验，计划 8 学时完成。

实验目的

① 利用 Knorr 吡咯合成法制备 3,5-二甲基-2,4-吡咯二甲酸乙酯，掌握该合成的反应机理。

② 熟悉掌握控温、回流、重结晶、干燥等实验操作方法。

实验原理

本实验以乙酰乙酸乙酯和亚硝酸钠为原料，在乙酸和锌粉作用下一锅法合成产物，其路线如图 1-2 所示。

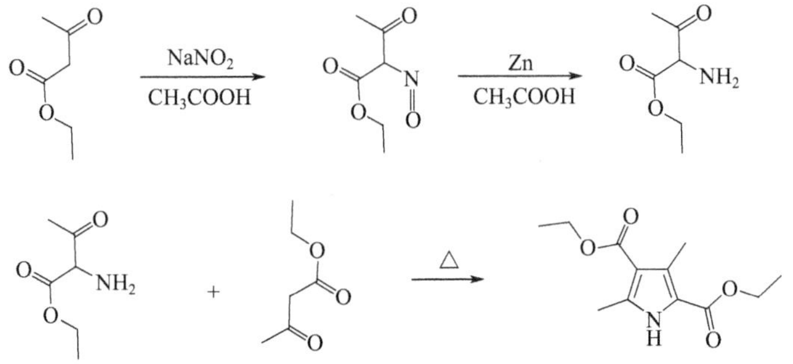

图 1-2 3,5-二甲基-2,4-吡咯二甲酸乙酯的合成路线

Knorr 合成法是一种合成吡咯类化合物的常用方法，它是由德国化学家 L. Knorr 在 1886 年最先发现的。该反应常以 α-羰基化合物与亚硝酸反应生成 α-氨基肟，再与锌粉反应作用原位生成 α-氨基酮，此氨基酮与具有更强 α-活泼氢的 β-酮酯化合物在酸催化下得到亚胺结构化合物，如图 1-3 所示。亚胺经质子化后得到烯胺结构，再发生分子内缩合失去一个水合质子生成四取代的吡咯类化合物。原料 α-羰基化合物可以是醛、酮或酯，但 β-酮酯化合物则需具有更强的 α-活泼氢，还原剂一般是 Zn/CH_3COOH、$Na_2S_2O_4$ 及 $Pd(C)/H_2$ 等。

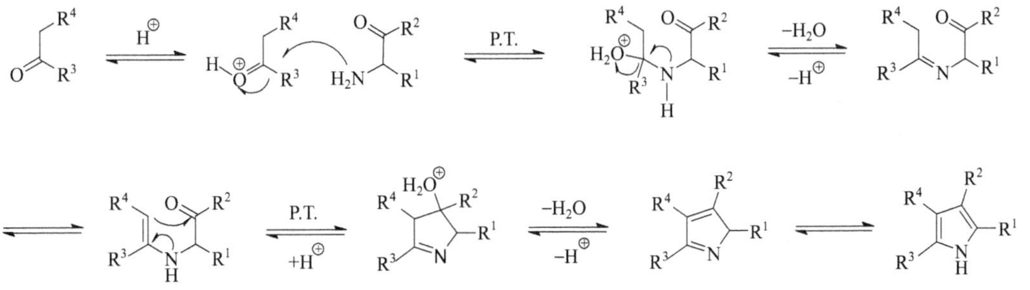

图 1-3 Knorr 吡咯合成法的反应机理

仪器和药品

仪器：电磁加热搅拌器、数字熔点仪、三口烧瓶（250mL）、恒压滴液漏斗、球形冷凝管、温度计、布氏漏斗、循环水真空泵、硅胶薄板。

药品：乙酰乙酸乙酯、冰醋酸、亚硝酸钠、锌粉、95％乙醇、石油醚、乙酸乙酯。

实验步骤

在带有温度计的 250mL 三口烧瓶中，加入 6.51g 乙酰乙酸乙酯（50mmol）和 25mL 冰醋酸，置于冰水浴中。称量 1.72g 亚硝酸钠（25mmol）溶于 3.5mL 水中，加到恒压滴液漏斗中，缓慢滴加到三口烧瓶中，保持烧瓶内温度不高于 10℃，约 20min 内滴完，在此温度下继续搅拌 1h。另称量 3.1g 锌粉（47mmol），分 5 批次加入反应液中，每次投放应缓慢，保烧瓶内温度不超过 25℃。加完锌粉后，缓慢加热升温，每隔 10min 升温 10℃，一直加热至 120℃回流，继续反应 30min，用薄层硅胶板 TLC 监测反应的进程。反应结束后，降温至室温，倒入 100mL 冰水中，出现大量固体，经布氏漏斗抽滤后得到大量固体，并用冰水洗涤。得到的固体经 95％乙醇（25mL）重结晶，干燥后得淡黄色固体产物，称重，计算反应收率。

思考题

① 从合成原理上讨论分批加入锌粉及其反应时间。

② 实验过程中，滴加亚硝酸钠为什么要保持瓶内低温？

③ 讨论产物的纯度检测方法。

④ 该实验产物可用于合成哪类重要产品？

实验 5 6-甲基脲嘧啶的合成

6-甲基脲嘧啶，应用于有机合成、生物化学、医药等领域，尤其是用作哌生丁（即哌醇啶，pesramitne）的主要原料而受到关注。然而，较长时间以来一直采用"浓硫酸静态脱水法"合成，设备庞大，易遭腐蚀，生产周期太长，因此采用新工艺以求缩短生产周期，成为合成 6-甲基脲嘧啶的关键。本实验大约需要 16 学时。

实验目的

了解 6-甲基脲嘧啶合成的原理和条件进行吡啶衍生物的合成。

实验原理

从尿素和乙酰乙酸乙酯为原料出发，经过系列反应制备 6-甲基脲嘧啶，其合成实验路线如图 1-4 所示。

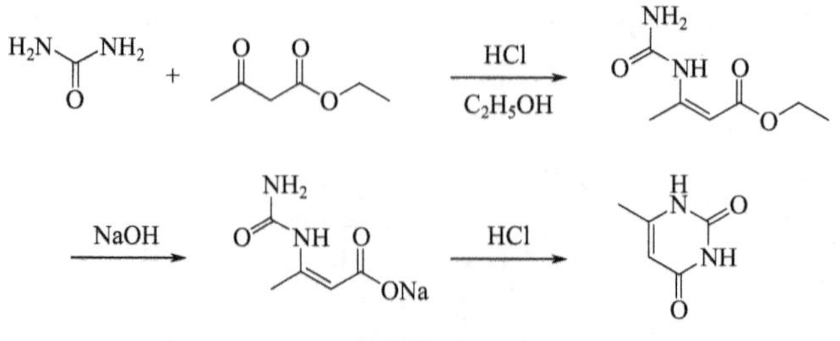

图 1-4 6-甲基脲嘧啶合成的实验路线

仪器与药品

仪器：电子天平、四口烧瓶（250mL）、油水分离器、球形冷凝管、温度计、电动搅拌器、恒压滴液漏斗、量筒、锥形瓶、滴液管、分液漏斗、循环水真空泵、抽滤装置、温度计（0～200℃）。

药品：乙酰乙酸乙酯、尿素、对甲基苯磺酸、正己烷、氢氧化钠、浓盐酸、蒸馏水。

实验过程

（1）制备β-脲基丁烯酸乙酯

在带有油水分离器和回流冷凝管的四口烧瓶中，加入90g乙酰乙酸乙酯、47.5g尿素、2g对甲基苯磺酸、150mL正己烷。反应生成的水与正己烷共沸，一同馏出，在油水分离器中分离，正己烷返回反应器中继续反应。11h后，分出12mL水，缩合反应终止。过滤出结晶，得到几乎理论产率的β-脲基丁烯酸乙酯（熔点158～160℃）。

（2）6-甲基脲嘧啶的合成

在搅拌下，将上述得到的结晶加到90℃的36g氢氧化钠和324g水配成的溶液中，反应30min，冷却至65℃；用浓盐酸酸化至pH 2～3，室温滤取出结晶，用水洗涤2～3次。自然干燥，得到75g 6-甲基脲嘧啶，收率86.3％。测定熔点，270～271℃。

实验6　香兰素的合成

香兰素是人类所合成的第一种香精，由德国的M·哈尔曼博士与G·泰曼博士于1874年合成成功。通常分为甲基香兰素和乙基香兰素。香兰素化学名3-甲氧基-4-羟基苯甲醛，外观白色或微黄色结晶，具有香荚兰香气及浓郁的奶香，为香料工业中最大的品种，是人们普遍喜爱的奶油香草香精的主要成分。

本实验采用2-硝基氯苯为原料经过多步反应合成香兰素，大概需要14学时完成。

实验目的

① 认识香兰素的制备及其用途。
② 学习多步反应的实验设计方法。
③ 巩固回流、蒸馏、结晶等基本操作。
④ 培养相互讨论、团队合作的能力。

实验原理

本实验采用2-硝基氯苯为原料经过多步反应合成香兰素，实验路线见图1-5。

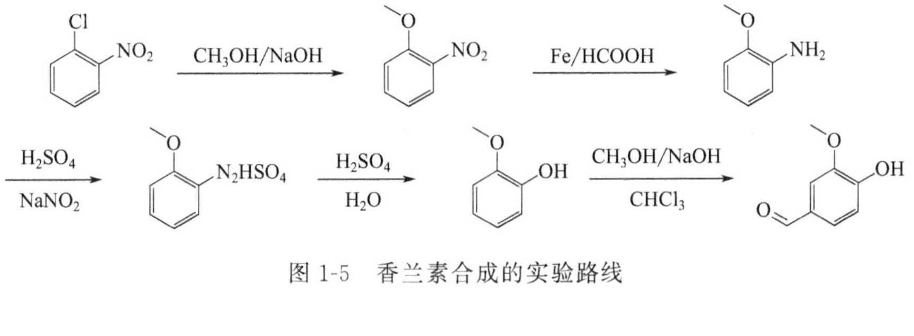

图1-5　香兰素合成的实验路线

9

仪器和药品

仪器：三口烧瓶（250mL）、单口圆底烧瓶（100mL）、球形冷凝管、机械搅拌器、加热套、调压器、布氏漏斗、水泵。

药品：甲醇、2-硝基氯苯（邻硝基氯苯）、甲酸、铁粉、稀硫酸、亚硝酸钠、氢氧化钠、95％乙醇、氯仿。

实验步骤

（1）邻硝基苯甲醚的合成

① 加热回流：在三口烧瓶中加入 30mL 甲醇、20g NaOH，再加 3mL 水，进行搅拌，加热至 80℃时开始滴加 61.5mL（80g）邻硝基氯苯，继续加热至 100℃搅拌回流 3h 左右（溶液出现微红色油状物）。

② 分液：用分液漏斗进行分液，取微红色液体层（邻硝基苯甲醚外观与性状：无色结晶或微红色液体）。

（2）邻氨基苯甲醚的合成

① 在三口烧瓶中加入 56g Fe、50mL HCOOH，然后加入分液后得到的微红色液体，保持 125℃左右搅拌加热回流 2h 左右。

② 蒸馏。待反应完全后，根据沸点不同使用蒸馏法进行分离（邻硝基苯甲醚沸点 273℃，邻氨基苯甲醚沸点 224℃）。

③ 用适量热水将邻氨基苯甲醚溶解形成饱和溶液，然后冷却至室温，则大部分邻氨基苯甲醚便会结晶析出，而其中的杂质大部分残留在溶液中。因此使得邻氨基苯甲醚的纯度大大提高。

（3）重氮化

将重结晶得到的邻氨基苯甲醚和 60mL 稀硫酸溶液混合在 250mL 锥形瓶中，进行冰水浴降温至 5～10℃，时间约 10min。向锥形瓶内滴加 $NaNO_2$ 溶液。用淀粉碘化钾试纸检验过量的亚硝酸钠，液体呈现淡黄色为反应终点。

（4）水解

将得到的母液用水和硫酸酸化水解回流 30min 左右，再用适量 NaOH 溶液进行中和，使用 pH 试纸检验、过滤。

（5）合成香兰素

① 在三口烧瓶中加上一步得到的产物、15mL CH_3OH、60mL NaOH，慢慢滴加 90mL 氯仿，65～85℃加热回流 1h 左右反应，得到粗产品。

② 使用温热酒精溶解香兰素，使溶液冷却至香兰素析出，抽滤出香兰素并干燥。

注意事项

① 若邻硝基氯苯凝结了，可用热水浴加热几分钟；

② 重氮化时，要严格控制温度 5～10℃；

③ 注意各种试剂的取放；

④ 注意防止香兰素过早凝固阻塞管道，进行减压蒸馏收集香兰素时，宜选用直形冷凝管，并采用热水循环，以免蒸出的香兰素过早凝固而堵塞管道；

⑤ 香兰素粗品不够稳定，不宜久置，需精制干燥后置于密闭容器中保存。

实验7　香豆素类荧光增白剂PEB的合成

荧光增白剂是一类在紫外光照射下能产生蓝色荧光的有机化合物，通过光学互补原理，能使白色的织物、纸张、纤维等产品获得更加满意的白度，或使某些淡色工业产品获得更加满意的亮度和鲜艳度。荧光增白剂种类主要有二苯乙烯型、香豆素型、吡唑啉型、苯二甲酰亚胺型等，对于不同的纤维、织物，有不同的荧光增白剂可供选择。

荧光增白剂PEB的化学名称为5,6-苯并香豆素-3-甲酸乙酯，属于香豆素类荧光增白剂，主要用于蛋白纤维、聚氯乙烯、醋酸纤维、聚酯及各种塑料的增白，以及染料、颜料等色料的增艳。

荧光增白剂PEB的合成主要包括两步反应。第一步是合成2-羟基-1-萘甲醛。第二步是成环。本实验大约需要12学时完成。

实验目的

① 掌握PEB合成的原理。

② 了解醛酯缩合的机理。

实验原理

荧光增白剂PEB的合成主要包括两步反应：第一步，用β-萘酚与六次甲基四胺在浓硫酸的催化下通过甲酰化制备2-羟基-1-萘甲醛；第二步是成环，在乙酸酐存在下，2-羟基-1-萘甲醛与丙二酸二乙酯反应生成荧光增白剂PEB。主要反应式如下：

$$(1-3)$$

$$(1-4)$$

仪器和药品

仪器：三口圆底烧瓶（100mL）、烧杯（100mL）、熔点测定仪、回流装置一套、真空抽滤装置一套。

药品：β-萘酚、六次甲基四胺、浓硫酸、丙二酸二乙酯、乙酸酐、冰醋酸。

实验步骤

（1）2-羟基-1-萘甲醛的合成

在装有搅拌器、滴液漏斗和回流冷凝管的三口烧瓶中加入15mL冰醋酸，搅拌下加入10.5g β-萘酚和12g六次甲基四胺，边搅拌边升温。当温度达90℃时，滴加浓硫酸9mL，加毕，于97℃下搅拌反应5h。冷却后加95mL水稀释，静置析晶。过滤，滤饼用水洗至中性，于50℃干燥，得到约11g 2-羟基-1-萘甲醛，产品收率为85.5%。测得熔点为79.8～80.4℃（文献值为80～81℃）。

（2）成环——香豆素荧光增白剂PEB的合成

将上述制得的 11g 2-羟基-1-萘甲醛加入圆底烧瓶中,同时加入 11g 丙二酸二乙酯与 18g 乙酸酐,搅拌,在 130℃下加热回流 6h。停止加热后继续搅拌冷却至 80℃以下,静置一段时间,过滤,并用 10%的碳酸钠溶液洗涤滤饼,再用清水洗涤。然后将滤饼放入 100mL 烧杯中,加入 10mL 乙醇,加热溶解。冷却、过滤,滤饼用少量乙醇冲洗,然后于 50~60℃干燥,粉碎后得到淡黄色粉末状固体,重结晶,高效液相色谱仪测定纯度大于 99%。

结论

以 β-萘酚为原料,依次经过醛化反应和 Perikn 反应合成 5,6-苯并香豆素-3-甲酸乙酯荧光增白剂（PEB）。该合成路线反应条件比较温和,每一步产品收率较高,总收率达 68.4%,纯度大于 99%,具有较大的应用价值。

注意事项与思考题

① 2-羟基-1-萘甲醛制备过程中滴加浓硫酸不能过快。

② 加入六次甲基四胺的主要作用是什么?

实验 8 活性艳红 X-3B 的制备

活性艳红 X-3B 是枣红色粉末,溶于水呈蓝光红色。遇铁对色光无影响,遇铜色光稍暗。可用于棉、麻、黏胶纤维及其他纺织品的染色,也可用于蚕丝、羊毛、锦纶的染色,还可用于丝绸印花,并可与直接、酸性染料同印。还可与活性金黄 X-G、活性蓝 X-R 组成三原色,拼染各种中、深色泽,如橄榄绿、草绿、墨绿等,色泽丰满。活性染料又称反应性染料,其分子中含有能和纤维素纤维发生反应的基团。在染色时和纤维素以共价键结合,生成"染料-纤维"化合物,因此这类染料的水洗牢度较高。活性染料分子的结构包括母体染料和活性基团两个部分。活性基团往往通过某些联结基与母体染料相连。根据母体染料的结构,活性染料可分为偶氮型、蒽醌型、酞菁型等;按活性基团可分为 X 型、K 型、KD 型、KN 型、M 型、P 型、E 型、T 型等。活性艳红 X-3B 的结构如图 1-6 所示。本实验需要 12 学时。

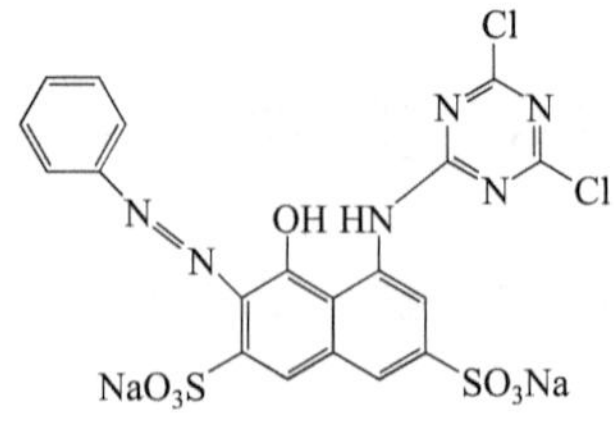

图 1-6 活性艳红 X-3B 的结构

实验目的

① 了解活性染料的反应原理。

② 学习 X 型活性染料的合成方法。

实验原理

活性艳红 X-3B 为二氯三氮苯型（即 X 型）活性染料,母体染料的合成方法按一般酸性染料的合成方法进行，活性基团的引进一般可先合成母体染料，然后和三聚氯氰缩合。若氨基萘酚磺酸作为偶合组分，为了避免发生副反应，一般先将氨基萘酚磺酸和三聚氯氰缩合，这样偶合反应可完全发生在羟基邻位。其反应方程式如下：

（1）缩合

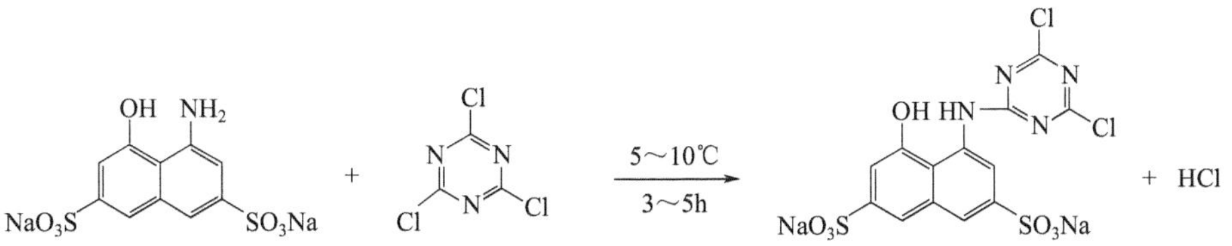

（2）重氮化

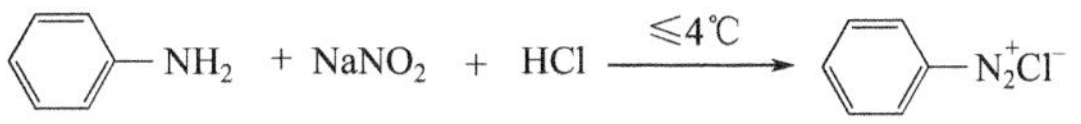

（3）偶合

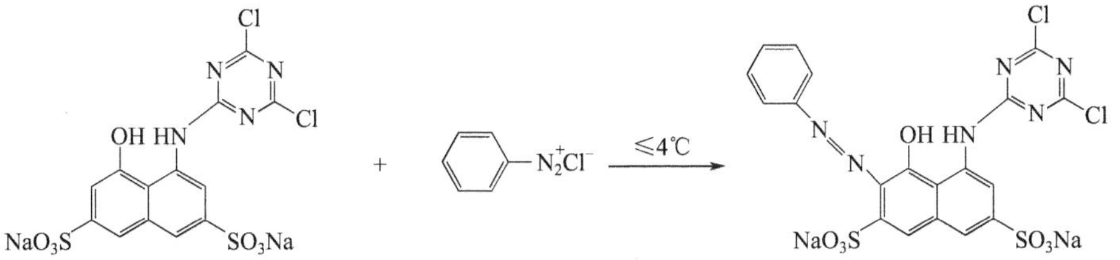

仪器和药品

仪器：三口烧瓶（250mL）、电动搅拌器、温度计（0～100℃）、滴液漏斗（60mL）、烧杯（150mL、60mL）。

药品：H 酸、苯胺、三聚氯氰、盐酸、亚硝酸钠、碳酸钠、精盐、磷酸三钠、磷酸二氢钠、磷酸氢二钠、尿素。

实验步骤

在装有电动搅拌器、滴液漏斗和温度计的 250mL 三口烧瓶中加入 30g 碎冰、25mL 冰水和 5.6g 三聚氯氰，在 0℃搅拌 20min，然后在 1h 内中加入 H 酸溶液（10.2g H 酸、16g 碳酸钠溶解在 68mL 水中），加完后在 8～10℃搅拌 1h，过滤，得黄棕色澄清缩合液。

在 150mL 烧杯中加入 10mL 水、36g 碎冰、7.4mL 30%盐酸、2.8g 苯胺，不断搅拌，在 0～5℃时于 15min 内加入 2.1g 亚硝酸钠（配成 30%溶液），加完后在 0～5℃搅拌 10min，得淡黄色澄清重氮液。

在 600mL 烧杯中加入上述缩合液和 20g 碎冰，在 0℃时一次加入重氮液，再用 20% 磷酸三钠溶液调节 pH 值至 4.8～5.1。反应温度控制在 4～6℃，继续搅拌 1h。加入 1.8g 尿素，随即用 20%碳酸钠溶液调节 pH 值至 6.8～7。加完后搅拌 3h。此时溶液总体积约 310mL，然后按体积的 25%加入食盐盐析，搅拌 1h，过滤。滤饼中加入滤饼质量 2%的磷酸氢二钠和 1%的磷酸二氢钠，搅匀，过滤，在 85℃以下干燥，产品称重，计算产率。

注意事项

① 严格控制重氮化温度和偶合时的 pH 值。

② 三聚氯氰遇空气中水分会逐渐水解并放出氯化氢，用后必须盖好瓶盖。

实验 9　4-苄氧基硝基苯的合成及结构表征

美罗培南中间体 4-苄氧基硝基苯是合成碳青霉烯类抗生素的重要中间体和合成砌块，本实验需要 4 学时。

实验目的

① 掌握酚和苄氯醚化的方法和实际操作技术。

② 了解酚类化合物醚化的一些影响因素。

③ 熟练掌握减压抽滤和重结晶及固体产品干燥等基本实验操作。

④ 掌握利用薄层色谱法判断反应的终点和产品的结构分析。

实验原理

酚羟基具有一定的弱酸性，在碳酸钾的作用下变成酚氧负离子与卤代烃发生亲核取代反应生成芳醚，常用此方法来保护酚羟基。

(1-8)

仪器和药品

仪器：三口圆底烧瓶（100mL）、磁力搅拌器、温度计、回流装置一套。

药品：对硝基苯酚、苄氯、无水碳酸钾、DMF。

实验步骤

称取对硝基苯酚 10.0g（71.92mmol）于 100mL 三口烧瓶中，配备磁力搅拌器、温度计、回流冷凝管和干燥管，再加入干燥过的 40mL DMF、10g 苄氯和研磨过的碳酸钾 14.8g（108mmol）。加热并控制反应温度在 80～90℃左右。搅拌 2～3h，薄层色谱法检验对硝基苯酚是否反应完全。2.5h 检测得原料反应完全。

反应完毕后，将反应产物倒入 150mL 冰水中冷却，析出固体。减压抽滤并用蒸馏水洗涤，得到白色固体，放入烘箱中干燥。干燥后产品质量为 13.98g，产率为 97%。中间体再进行相应的熔点、红外和核磁结构表征。

思考题

① 醚化反应需要注意哪些问题？

② 反应中碳酸钾的主要作用是什么？

③ 后处理为什么要加水来析出产品？

实验 10　3,6-二溴-2,7-二羟基萘的合成

3,6-二溴-2,7-二羟基萘是一种重要的有机合成中间体，可以用作洗涤照片的感光剂。利用萘环的亲电取代反应可以合成 3,6-二溴-2,7-二羟基萘。本实验需要 8 学时。

实验目的

① 了解 3,6-二溴-2,7-二羟基萘的制备原理和方法。

② 掌握卤代芳烃的合成方法。

实验原理

萘环上卤代反应是一类重要的亲电取代反应，新引入的取代基位置与萘环上原有的取代基相关，称为定位规则。借此，3,6-二溴-2,7-二羟基萘的制备反应如下：

$$\text{（结构式）} \xrightarrow[\text{Sn, 回流}]{\text{Br}_2, \text{AcOH}, \text{H}_2\text{O}} \text{（结构式）} \tag{1-9}$$

仪器和药品

仪器：三口圆底烧瓶（500mL）、机械搅拌器、回流冷凝装置一套、抽滤装置一套。

药品：2,7-二羟基萘、液溴、冰醋酸、金属锡。

实验步骤

称取 20.82g（0.13mol）2,7-二羟基萘、134.5mL 乙酸于四口烧瓶中。用量筒量取 26.6mL（0.52mol）液溴并小心地倒入分液漏斗中，再用量筒量取 33mL 乙酸液体倒入滴液漏斗中，并将滴液漏斗置于装置上，缓慢滴加。完毕后，加入 65mL（3.575mol）水稀释，加热至 100℃回流。回流开始后，缓慢加入 32.5g（0.273mol）锡。加热回流 3h 后，通过点板判断反应是否完全。反应结束后，冷却至 50℃，倒入装有水的桶中，搅拌，抽滤，烘干。烘干后得产物 40g，产率为 96.8%，测定熔点（189～190℃）。

思考题

① 溴原子为何会进入 3,6 位？

② 加入金属锡的主要作用是什么？

实验 11　稀土配合物的制备、表征与发光性能分析

稀土元素是指元素周期表中第ⅢB族原子序数 57～71 的镧（La）、铈（Ce）、镨（Pr）、钕（Nd）、钷（Pm）、钐（Sm）、铕（Eu）、钆（Gd）、铽（Tb）、镝（Dy）、钬（Ho）、铒（Er）、铥（Tm）、镱（Yb）和镥（Lu）15 个镧系元素，以及物理化学性质与镧系元素相似的原子序数为 21 的钪（Sc）和 39 的钇（Y）共 17 个元素。稀土元素特殊的电子层结构使其表现出光、电、磁、催化等许多独特性能。稀土配合物发光材料具有发光强、单色性好、荧光寿命长等诸多优点，广泛应用于发光显示、太阳能转换以及光学通信等领域。本实验需要 8 学时。

实验目的

① 掌握稀土配合物的制备方法。

② 掌握稀土配合物的表征方法。

③ 掌握稀土配合物的发光性能研究方法。

实验原理

稀土离子的发光是其 4f 电子在不同能级之间的跃迁过程，即稀土离子吸收紫外光、电子射线等辐射能被激发后，从基态跃迁到激发态，然后再从激发态返回到能量较低的能态并以辐射跃迁形式产生荧光。稀土离子本身吸收紫外光的能力较弱，利用有机配体较强

的紫外吸收能力可大大提高稀土离子的发光强度，即有机配体吸收紫外光，由基态跃迁至激发态，并将激发态能量传递给中心稀土离子，从而敏化稀土离子的发光，这种配体敏化稀土离子发光的效应称为 Antenna 效应。

为了能够更好地敏化稀土离子发光，有机配体应具有较强的紫外吸收能力，同时与稀土离子之间具有较好的能量匹配。杂环化合物是稀土离子常用的有机配体，主要包括联吡啶、1,10-邻菲罗啉、8-羟基喹啉及其衍生物等。其中的 1,10-邻菲罗啉具有三环共轭平面，其氮原子处具有较高的电子云密度，这便于其与稀土离子键合时的轨道重叠，更有利于能量的有效传递，同时，1,10-邻菲罗啉的刚性稠环结构使形成的稀土配合物的结构更加稳定，因此，以 1,10-邻菲罗啉为配体的配合物具有非常优异的荧光性能。图 1-7 给出了 1,10-邻菲罗啉的分子结构。本实验大约需要 8 学时。

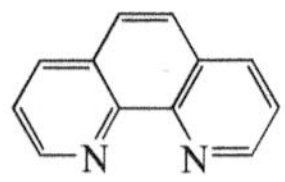

图 1-7　1,10-邻菲罗啉的分子结构

仪器和药品

仪器：电子天平、电磁加热搅拌器、三口圆底烧瓶（50mL）、球形冷凝管、温度计（200℃）、烧杯（50mL）、真空循环水泵、布氏漏斗、抽滤瓶、紫外灯（有 254nm 和 365nm 两个波段）、红外分光光度计、荧光分光光度计。

药品：1,10-邻菲罗啉、硝酸铕、N,N-二甲基甲酰胺、乙醇。

实验步骤

（1）稀土配合物的制备

在装有球形冷凝管和温度计的 50mL 三口圆底烧瓶中加入 0.35g 1,10-邻菲罗啉，再加入 4mL N,N-二甲基甲酰胺，搅拌溶解，然后将 0.26g 硝酸铕溶解于 4mL N,N-二甲基甲酰胺中，将得到的溶液加入到三口圆底烧瓶中，加热至 80℃，搅拌反应 1h，冷却至室温，将反应液边搅拌边加入到 60mL 的乙醇中，经抽滤、烘干得固体粉末产物。

（2）稀土配合物的结构表征

采用红外分光光度计测试稀土配合物的红外谱图，为作对比分析，同时测试 1,10-邻菲罗啉的红外谱图，分析配合物的结构。

（3）稀土配合物的发光性能分析

① 分别采用 254nm 和 365nm 波长的紫外灯在黑暗的环境下照射稀土配合物样品，观察样品的发光颜色和强度，并拍摄照片，粘贴于实验报告中。

② 将稀土配合物粉末溶解于 N,N-二甲基甲酰胺中，分别配制 1×10^{-4} mol/L、1×10^{-5} mol/L 和 1×10^{-6} mol/L 的配合物溶液，采用荧光分光光度计分别测试上述溶液的荧光激发光谱和发射光谱，根据谱图获得配合物的荧光激发波长、发射波长及发射相对强度等数据，并将谱图及数据结果整理于实验报告中。

思考题

① 简述 Antenna 效应的原理。

② 请分析稀土配合物溶液的浓度对其荧光发射峰强度的影响。

参考文献

［1］　李兆陇，等 . 有机化学实验［M］. 北京：清华大学出版社，2001.

［2］　刑其毅，徐瑞秋 . 基础有机化学［M］. 北京：高等教育出版社，1994.

［3］　薛叙明 . 精细有机合成试验指导书［M］. 第 2 版 . 北京：化学工业出版社，2005.

［4］　曾昭琼 . 有机化学实验［M］. 第 3 版 . 北京：高等教育出版社，2000.

［5］　黄涛 . 有机化学实验［M］. 第 2 版 . 北京：高等教育出版社，1987.

［6］　Milgram L. The Colours of Life：An Introduction to the Chemistry of Porphyrins and Related Compounds［M］. Oxford：Oxford University Press，1997.

［7］　吴建一，缪程平，宗乾收，等 . 有机合成原理与工艺［M］. 北京：化学工业出版，2015.

［8］　Li J J. Name Reactions：A Collection of Detailed Reaction Mechanisms［M］. 3rd ed. New York：Springer，2006.

［9］　Kurti L，Czako B. Strategic Applications of Named Reactions in Organic Synthesis［M］. Amsterdam：Elsevier Academic Press，2005.

［10］　Samelson H，Lempicki A，Brecher C. Laser phenomena in europium chelates. Ⅱ. kinetics and optical pumping in europium benzoylacetonate［J］. J Chem Phys，1964，40（9）：2553-2558.

［11］　潘忠稳 . 恶草酮的合成［J］. 安徽化工，2002，28（1）：37-40.

［12］　章亚东，高晓蕾，蒋登高，等 . 季铵盐相转移催化合成对硝基苯甲醚工艺研究［J］. 精细石油化工，2002（4）：6-10.

［13］　Dayan F E，Meazza G，Bettarini F，et al. Synthesis，Herbicidal Activity and Model of Action of IR 5790［J］. J Agric Food Chem，2001，49（5）：2302-2307.

［14］　吴建一，徐芸，邵生富，等 . 相转移催化合成二卤代芳香醚的方法：CN 1651380［P］. 2005-08-10.

［15］　A. H. 勃拉特 . 有机合成［M］. 南京大学化学系有机化学教研组，译 . 北京：科学出版社，1964：228.

［16］　Liu D，Wang Z G. Novel polyaryletherketones bearing pendant carboxyl groups and their rare earth complexes，Part Ⅰ：Synthesis and characterization［J］. Polymer，2008，49（23）：4960-4967.

［17］　Liu D，Li C，Xu Y，et al. Near-infrared Luminescent Erbium Complexes with 8-Hydroxyquinoline-terminated Hyperbranched Polyester［J］. Polymer，2017，113：274-282.

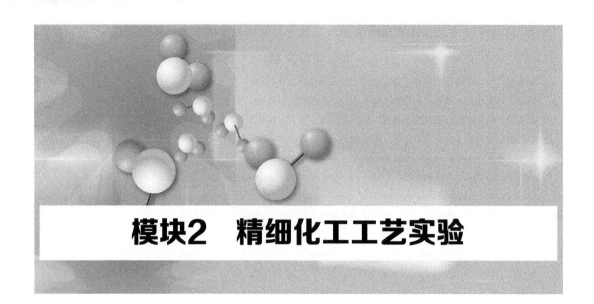

模块2 精细化工工艺实验

2.1 概　　述

　　精细化工工艺实验是"精细化工工艺（学）"教学的重要组成部分，是实践性环节。不仅可以验证、巩固和加深理论教学的内容，更重要的是培养学生的实验操作能力、综合分析问题与解决问题的能力。掌握常见各类精细化工产品的制备工艺、性质测定方法、产品的定性定量与评价方法等。

　　本模块内容包括涂料成膜物的合成及涂料的制备、聚合物偶联剂的水解、阻燃剂的改性、表面活性剂CMC的测定、农药中间体的清洁合成、液体洗涤剂的制备等实验项目。训练和培养从事精细化工实验的基本动手能力。

2.2　实验部分

实验1　聚乙酸乙烯酯乳液的制备

聚乙酸乙烯酯乳液俗称白乳胶，因其能用多种添加剂直接改性、机械强度好、无缺胶现象，特别是它为水基胶黏剂、对环境无污染等优点，使其成为聚合胶黏剂中广泛使用的重要产品。同时，将聚乙酸乙烯酯乳液加入钛白粉、滑石粉及其他助剂，也可制备水溶液涂料——聚乙酸乙烯乳胶漆。

本实验采用乳液聚合法制备聚乙酸乙烯酯乳液，属于设计性实验，计划8学时完成。

实验目的

① 熟悉乳液聚合原理及特点。

② 掌握乙酸乙烯酯乳液制备的方法。

实验原理

以合成树脂代替油脂、以水代替有机溶剂是涂料工业发展的主要方向。水性漆包括水溶性漆和水乳胶漆两种。前者的树脂溶解于水成为均一的胶体溶液，后者的树脂以微细的粒子（粒径为 $0.1 \sim 10 \mu m$）分散在水中。根据制备方法的不同，乳胶液又可分为分散乳胶和聚合乳胶两种。合成乳胶中最主要的是聚乙酸乙烯酯乳液、丙烯酸酯乳液、丁苯乳液以及乙酸乙烯酯和丙烯酸酯、乙烯等其他不饱和单体共聚的乳液。

聚乙酸乙烯酯是无臭、无味、无毒的热塑性聚合物，基本上是无色透明的。乙酸乙烯酯聚合是自由基反应机理，自由基通常由有机过氧化物分解而产生，如过氧化苯甲酰或过氧化氢；或者无机过酸盐，如过硫酸钾、过硫酸铵都常作聚合反应的引发剂。反应一般需要在室温以上。聚合方法有本体聚合、溶液聚合、悬浮聚合和乳液聚合，目前生产量最大的是乳液聚合。

乳液聚合是由单体和水在乳化剂作用下配制成的乳状液中进行的聚合，体系主要由单体、水、乳化剂及溶于水的引发剂组成。乳液聚合主要按胶束机理进行，即引发剂在水相中分解出自由基，自由基通过扩散进入胶束引发单体间聚合，形成乳胶粒，并继续聚合直至有新的自由基进入。单体源源不断地由单体珠滴通过水相扩散到乳胶粒中以补充因聚合损耗的单体，使乳胶粒不断长大。乳液聚合原理如图2-1所示。

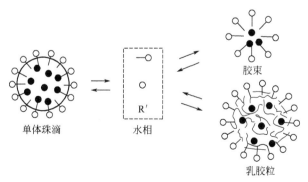

图2-1　乳液聚合原理示意图

具体合成方法为在保护胶体 PVA（聚乙烯醇）、乳化剂 OP-10（辛基酚聚氧乙烯醚）存在下，使乙酸乙烯酯在水中在过硫酸钾的引发下进行乳液聚合得到聚乙酸乙烯酯乳液。化学反应方程式如下：

$$n\,CH_3COOCH=CH_2 \xrightarrow{\text{过硫酸钾}} \left[CH-CH_2 \right]_n \atop OOCCH_3 \tag{2-1}$$

仪器和药品

仪器：真空干燥箱、激光粒度仪、电动搅拌器、恒温水浴锅、电子天平。

药品：聚乙烯醇、OP-10、乙酸乙烯酯、2%的过硫酸钾水溶液、10%的碳酸氢钠水溶液、邻苯二甲酸二丁酯。

实验步骤

在 250mL 四口烧瓶中先后加入电子天平准确称取的 2.5g 聚乙烯醇和 100mL 蒸馏水，电动搅拌器搅拌，恒温水浴锅加热至 80℃，使聚乙烯醇溶解。加入 0.5g 表面活性剂 OP-10 和 6.9g 乙酸乙烯酯，在 80℃ 下搅拌 0.5h 进行预乳化。加入 2mL 质量分数为 2% 的过硫酸钾水溶液，然后以一定的速度在 2h 内连续加入 39.1g 乙酸乙烯酯单体，反应温度 78～82℃。加入单体的同时，定期地加入质量分数为 2% 的过硫酸钾水溶液共约 18mL。加完单体后，再补加质量分数为 2% 的过硫酸钾水溶液 3mL，温度升为 90～95℃，保温 30min。冷却至 50℃，先加入质量分数为 10% 的碳酸氢钠水溶液 1.5mL，搅拌 30min；再加入 5g 邻苯二甲酸二丁酯，搅拌 30min。冷却过滤后即得聚乙酸乙烯酯乳液，用激光粒度仪测定其粒径，用真空干燥箱和电子天平测定其固含量。

设计要求

① 从反应原理上讨论设计实验装置；

② 通过查阅资料和反应原理设计聚合反应的主要影响因素和变化范围；

③ 从工艺优化的角度选择优化方法。

思考题

① 乳液形成的原理是什么？

② 乳化剂都有哪些？乳化剂的选择应遵循什么原则？

③ 聚乙烯醇、OP-10 的作用是什么？

④ 为什么要加入过硫酸钾？

⑤ 空气存在时对聚合有什么不利？

实验 2　聚乙酸乙烯酯乳胶漆的制备

乳胶漆是指以合成树脂乳液为基料，以水为分散介质，加入颜料、填料（亦称体质颜料）和助剂，经一定工艺过程制成的一种水性涂料，俗称乳胶涂料，又称为合成树脂乳液涂料。乳胶漆是有机涂料的一种，是目前比较流行的内外墙建筑涂料，具有易于涂刷、干燥迅速、漆膜耐水、耐擦洗性好等特点。根据生产原料的不同，乳胶漆主要有聚乙酸乙烯乳胶漆、乙丙乳胶漆、纯丙烯酸乳胶漆、苯丙乳胶漆等品种。

本实验以聚乙酸乙烯酯乳液为基料，加入钛白粉、滑石粉及其他助剂，经搅拌球磨制备聚乙酸乙烯酯乳胶漆，属于综合性实验，计划 4 学时完成。

实验目的

① 掌握涂料的组成；

② 掌握聚乙酸乙烯乳胶漆的生产方法。

实验原理

涂料是一种可借特定的施工方法涂覆在物体表面上，经过固化形成连续性涂膜的材料，可对被涂物体起到保护、装饰和其他特殊作用。涂料一般由不挥发分和挥发分两部分组成。它在物体表面上涂布后，其挥发分逐渐挥发逸去，留下不挥发分干后成膜，所以不挥发分又称为成膜物质。成膜物质又可以分为主要成膜物质、次要成膜物质、辅助成膜物质三类。主要成膜物质可以单独成膜，也可与次要成膜物质共同成膜，它是涂料的基础，简称基料。颜料和体质颜料（填料）是次要成膜物质。在涂料中颜料和填料的加入量（即颜基比和颜料的体积浓度）对涂料使用范围和涂膜性能有很大影响，如高颜基比乳胶漆的树脂用量少，不容易形成连续的漆膜，易被水渗透，故一般不用于室外。

合成乳液中加入颜料、体质颜料以及保护胶体、增塑剂、润湿剂等辅助材料，经过研磨成为乳胶漆。乳胶漆具有安全无毒、施工方便、干燥快、通气性好等优点。乳胶漆除用作建筑内外涂层外，还可用于金属表面的涂装。其中以乙酸乙烯乳胶漆产量最大。

乳胶漆配制方法之一是首先将已有凝聚的颜料二次粒子（购来品）、分散剂、润湿剂、增稠剂水溶液、水和其他助剂利用搅浆机预混合，再用砂磨机施加一定力将二次粒子于水中分散还原成一次粒子，形成色浆后再加入乳胶混合，此法叫作研磨着色法或色浆法。方法之二是直接将二次粒子加入乳液和助剂一起于匀浆机中搅拌混合，这种方法叫作干着色法。色浆的调制受黏度的制约，要使固含量达到 65% 以上一般是非常困难的，而用干着色法制造的涂料，其固含量高达 84%。就颜料的分散状态来说，干着色法不像色浆法那样充分，这种倾向在颜料粒子越小时越明显。干着色法适用于厚涂层涂料的制备，而色浆法适合于薄涂层涂料的制备。

聚乙酸乙烯酯乳胶漆是在聚乙酸乙烯酯乳液中加入颜料和体质颜料以及其他助剂制成的。采用金红石型钛白粉制得的乳胶漆遮盖力强，耐洗刷性也好；可用于要求较高的室内墙面涂装以及作为外用平光漆使用。

仪器和药品

仪器：真空干燥箱、电动搅拌器、球磨机、电子天平。

药品：六偏磷酸钠、亚硝酸钠、羧甲基纤维素、金红石型钛白粉、滑石粉、聚甲基丙烯酸钠和聚乙酸乙烯酯乳液（可自制）。

实验步骤

将六偏磷酸钠（分散剂）0.15 份（质量份，下同）、亚硝酸钠（防锈剂）0.3 份、羧甲基纤维素（增稠剂）0.1 份，用电子天平准确称取后溶于23.3份水中。再与金红石型钛白粉26份、滑石粉8份于球磨机中研磨分散。电动搅拌器搅拌下加入42份自制的聚乙酸乙烯酯乳液，加入聚甲基丙烯酸钠（增稠剂）0.08份，搅拌均匀后即得聚乙酸乙烯酯乳胶漆。计算涂料中颜基比（质量比）；借助真空干燥箱和电子天平测定涂料的固含量，并测定 pH 值和干燥时间；观察乳胶漆的状态，如有无硬块、是否均匀、颜色外观、遮盖力、流动性及耐水性等。

设计要求

① 从反应原理上讨论设计实验装置；

② 通过查阅资料和反应原理设计聚合反应的主要影响因素和变化范围；

③ 从工艺优化的角度选择优化方法。

思考题

① 涂料的组成是什么？常用的添加剂有哪些？

② 影响涂料特性的主要因素有哪些？

实验 3 硅烷偶联剂的水解实验

偶联剂是一种具有两亲结构的有机化合物，它可以使性质差别很大的材料紧密结合起来，从而提高复合材料的综合性能。常用的偶联剂有硅烷偶联剂、钛酸偶联剂、铝酸酯偶联剂等，其中硅烷偶联剂是品种最多、用量最大的一种偶联剂。硅烷偶联剂在很多材料的表面偶联过程中需要分子中的烷氧基进行水解形成羟基而起作用。

本实验采用电导率法测定硅烷偶联剂水解进行的程度，属于综合性实验，计划 6 学时完成。

实验目的

① 了解硅烷偶联剂的作用。

② 掌握硅烷偶联剂的水解原理。

③ 掌握硅烷偶联剂的水解工艺过程。

实验原理

硅烷偶联剂是一种具有特殊结构的有机硅化合物。在它的分子中，同时具有能与无机材料（如玻璃、水泥、金属等）结合的反应性基团和与有机材料（如合成树脂等）结合的反应性基团。因此，通过硅烷偶联剂可使两种性能差异很大的材料界面偶联起来，以提高复合材料的性能和增加粘接强度，从而获得性能优异、可靠的新型复合材料。硅烷偶联剂广泛用于橡胶、塑料、胶黏剂、密封剂、涂料、玻璃、陶瓷、金属防腐等领域。事实上，硅烷偶联剂已成为材料工业必不可少的助剂之一。

硅烷偶联剂是由硅氯仿（$HSiCl_3$）与带有反应性基团的不饱和烯烃在铂氯酸催化下加成，再经醇解而得。它在国内有 KH-550、KH-560、KH-570、KH-792、DL-602、DL-171 等几种型号。硅烷偶联剂分子中含有两种不同的反应性基团，其化学结构可以用 $Y—R—SiX_3$ 表示，式中 X 和 Y 反应特性不同；X 是可进行水解反应并生成硅羟基的基团，如烷氧基、乙酰氧基、卤素等，其中常见的为烷氧基，X 具有与玻璃、二氧化硅、陶土、一些金属（如铝、钛、铁、锌等）键合的能力；Y 是可以和聚合物起反应从而提高硅烷与聚合物的反应性和相容性的有机基团，如乙烯基、氨基、环氧基、巯基等；R 是具有饱和或不饱和键的碳链，通过它把 Y 与 Si 原子连接起来。正是由于硅烷偶联剂分子中存在亲有机和亲无机的两种官能团，因此可作为连接无机材料和有机材料的"分子桥"，把两种性质悬殊的材料连接起来，即形成无机相-硅烷偶联剂-有机相的结合层，从而增加树脂基料和无机颜料、填料间的结合。

　　硅烷偶联剂在提高复合材料性能方面的显著效果，虽早已得到确认，但对于偶联剂的作用机理，至今还没有一种理论能够解释所有的事实。人们提出的理论，对于某一方面或某个偶联剂来说是很成功的，但对除它之外的就无能为力了。这些充分说明了硅烷作用机理的复杂性。目前有关硅烷在材料表面行为的理论主要有化学键合理论、物理吸附理论、表面浸润理论、可逆水解平衡理论、酸碱相互作用理论等，其中大家最熟悉、应用最多的是化学键合理论。

　　化学键合理论认为，硅烷含有的两种不同化学官能团，一端能与无机材料如玻璃纤维、硅酸盐、金属及其氧化物表面的羟基反应生成共价键，另一端能与树脂生成共价键，从而使两种性质差别很大的材料"偶联"起来，起到提高复合材料性能的作用。具体的化学键合理论的作用机理可以用以下四步反应模型解释：①与硅相连的 3 个 Si—X 基团水解成 Si—OH；②Si—OH 之间脱水缩合成含 Si—OH 的低聚硅氧烷；③低聚物中的 Si—OH 与基材表面上的羟基形成氢键；④加热固化过程中伴随脱水反应而与基材形成共价键连接。一般认为，在界面上硅烷偶联剂的硅羟基与基材表面只有一个键合，剩下两个 Si—OH 或者与其他偶联剂中的 Si—OH 缩合，或者呈游离状态。具体的化学键合理论模型如图 2-2 所示。

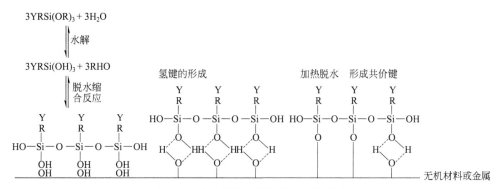

图 2-2　硅烷偶联剂化学键合理论模型

　　硅烷水解程度的检测是水解工艺中的一个难点，常规化学反应测定方法和某些对体系产生干扰的测定方法，均会导致水解平衡的破坏，不能有效监测硅烷的水解程度。研究表明，光学测定法和电导率测定法能直接在线监测硅醇生成，不对体系带来干扰和破坏，其中，电导率测定法设备简单、操作方便。又因硅烷与去离子水的电导率很低，而水解产物硅醇和醇的电导率较高，即使溶剂中采用了醇，因其在反应前后量不变而对体系电导率变化无影响，所以硅烷体系在水解过程中电导率会逐渐增大，一定时间后反应达到平衡，相应电导率值也稳定在某一值，这表明水解已达平衡，此时硅醇含量为该水解条件下的最大量。因此，本实验采用电导率法在线检测硅烷的水解程度。

　　本实验选择硅烷偶联剂 KH-550（γ-氨丙基三乙氧基硅烷）进行水解实验，利用电导率法检测水解程度。方程式如下：

$$H_2NH_2CH_2CH_2C-\underset{\underset{OCH_2CH_3}{|}}{\overset{\overset{OCH_2CH_3}{|}}{Si}}-OCH_2CH_3 \xrightarrow{\text{水解}} H_2NH_2CH_2CH_2C-\underset{\underset{OH}{|}}{\overset{\overset{OH}{|}}{Si}}-OH$$

KH-550

仪器和药品

仪器：磁力搅拌器、恒温水浴锅、电导率仪、电子天平、三口烧瓶。

药品：KH-550、蒸馏水、冰醋酸、无水乙醇。

实验步骤

在 100mL 三口烧瓶中分别加入 60mL 水、15mL 乙醇，加冰醋酸调节反应体系 pH 至 3.5～5.5，然后加入偶联剂 KH-550（电子天平准确称取 1.5g），于恒温水浴锅内 30℃ 水浴下用磁力搅拌器搅拌，反应 4h，并每隔 20min 用电导率仪测定一次电导率，绘制电导率-时间关系图，得到水解反应的最佳时间。

设计要求

① 通过查阅资料和反应原理设计硅烷偶联剂水解反应的主要影响因素和变化范围；

② 从工艺优化的角度选择优化方法。

思考题

① 偶联剂的作用原理是什么？主要有什么用途？

② 硅烷偶联剂水解反应主要有哪些影响因素？

③ 硅烷偶联剂通过什么方式与金属等无机材料产生作用？

④ 硅烷偶联剂水解液的电导率先上升，达到最高点后如果下降了，这是什么原因？

⑤ 硅烷偶联剂水解液如果出现少量的浑浊现象，这是什么原因？

实验 4　阻燃剂 APP 的表面改性实验

聚磷酸铵又称多聚磷酸铵或缩聚磷酸铵（简称 APP），是一种磷氮系特效膨胀型无机阻燃剂。APP 广泛应用在膨胀型的防火涂料、聚乙烯、聚丙烯、聚氨酯、环氧树脂、橡胶制品、纤维板及干粉灭火剂等，是一种使用安全高效的磷系非卤消烟阻燃剂。

但由于 APP 是一种无机材料，与高分子材料的相容性差，直接添加影响高分子材料的力学性能，同时 APP 水溶性较大，吸湿性强，在一些高分子材料如聚氨酯合成革生产中添加时会因其水洗工艺而易损失，并使产品不耐水洗。因此，APP 在使用前往往需进行表面改性，以降低其水溶性。

本实验采用硅烷偶联剂对 APP 表面进行改性实验，属于设计性实验，计划 10 学时完成。

实验目的

① 了解膨胀型阻燃剂 APP 的特点及应用。

② 掌握硅烷偶联剂表面改性 APP 的原理。

③ 掌握阻燃剂 APP 的硅烷偶联剂表面改性工艺过程。

实验原理

由于现代生活需要的大量的高分子材料在空气中都是可燃易燃的，一旦发生火灾，尤其是在公共场所，将带来生命和财产的巨大损失，同时材料在燃烧时可产生大量有毒有害的气体和烟尘，给环境、人们的生产和生活都带来了极大的安全隐患。这使得阻燃剂的需求急剧增加，目前阻燃剂已经成为塑料助剂中仅次于增塑剂的第二位。

阻燃剂可分为有机和无机两大类。前者具有阻燃和抑制烟的作用，无毒和无腐蚀性的气体，缺点是由于添加量比较大，阻燃剂的物理、力学性能和加工性能会发生改变；后者按其包含的阻燃元素可以分为磷系、卤素、铝镁系等。含卤阻燃剂的阻燃效果好，且添加量少，但是采用含卤阻燃剂的高分子材料在燃烧过程中会产生大量的有毒有腐蚀性的气体和烟雾，使人窒息而死，其危害性比大火本身更为严重；铝镁系作为阻燃剂对环境无危害，热稳定性强，并且价格便宜，但是用于阻燃时效率低，添加量大，成本高而且会破坏力学性能。磷系阻燃剂资源丰富，品种繁多，价格低用途广，是阻燃发展的重要方向之一。

聚磷酸铵（APP）是磷系阻燃剂中非常重要的品种之一，属于膨胀型阻燃剂，分子结构式为：$(NH_4)_{n+2}P_nO_{3n+1}$；具有阻燃效率高、无熔滴、低烟、无毒、无腐蚀性气体释放等特点。碳源、酸源、气源是膨胀型阻燃剂中的主要组成部分。APP 在这一体系中具有多项功能，既可以作为酸源又可以作为气源。APP 遇热分解后生成聚多磷酸，促使有机物表面脱水碳化；遇热膨胀，对基材表面进行覆盖，隔绝空气从而达到阻燃；受热分解释放出 CO_2、NH_3 等气体，这些气体不易燃烧，可稀释空气中的氧气，从而阻断氧的供应，从而达到发烟量少、不产生有毒气体及具有自熄性等特点。

但 APP 是一种无机物，与聚合物的相容性较差，渗析性大，易在聚合物表面渗出，影响材料性能，同时其水溶性较大，吸湿性强，限制了其在阻燃材料中的应用，因此，需对其表面进行有机改性而降低其水溶性，增加与树脂的相容性，在阻燃的同时减少对产品性能的影响。目前较为常见的改性方法主要有偶联剂改性、微胶囊化、表面活性剂改性等几种。本实验选择硅烷偶联剂对 APP 表面进行改性。

硅烷偶联剂在改性前先要进行水解，使其分子结构中的烷氧基团水解为羟基，这些羟基会在一定的工艺条件下与 APP 表面的羟基发生脱水成醚反应，从而使硅烷偶联剂作用于 APP 表面。本实验选择 KH-550 为硅烷偶联剂，其水解后产生的三个 Si—OH 基中的一个与 APP 受热后在表面产生的 P—OH 基反应，形成 P—O—Si 结构，从而使有机硅烷偶联剂与 APP 牢固地结合；另两个 Si—OH 分子间脱水形成 Si—O—Si，在 APP 表面形成有机层实现对 APP 的包裹，大大降低其水中溶解度。具体的改性过程见图 2-3。

仪器和药品

仪器：磁力搅拌器、恒温水浴锅、电子天平、烘箱、旋转蒸发仪、离心机、红外光谱仪、激光粒度仪、三口烧瓶、单口烧瓶。

药品：APP、KH-550、蒸馏水、冰醋酸、无水乙醇。

实验步骤

在 250mL 三口烧瓶中分别加入 60mL 水、15mL 乙醇，加冰醋酸调节反应体系 pH 至 3.5～5.5，然后再加入电子天平准确称取的 1g 偶联剂 KH-550，于恒温水浴锅内 30℃水浴下磁力搅拌，反应 2h，水解反应结束后，加入 12.5g 未改性的 APP，继续于 30℃水浴下反应 6h；离心机离心、过滤、80℃烘箱内烘干得到白色粉末状改性 APP 产品。

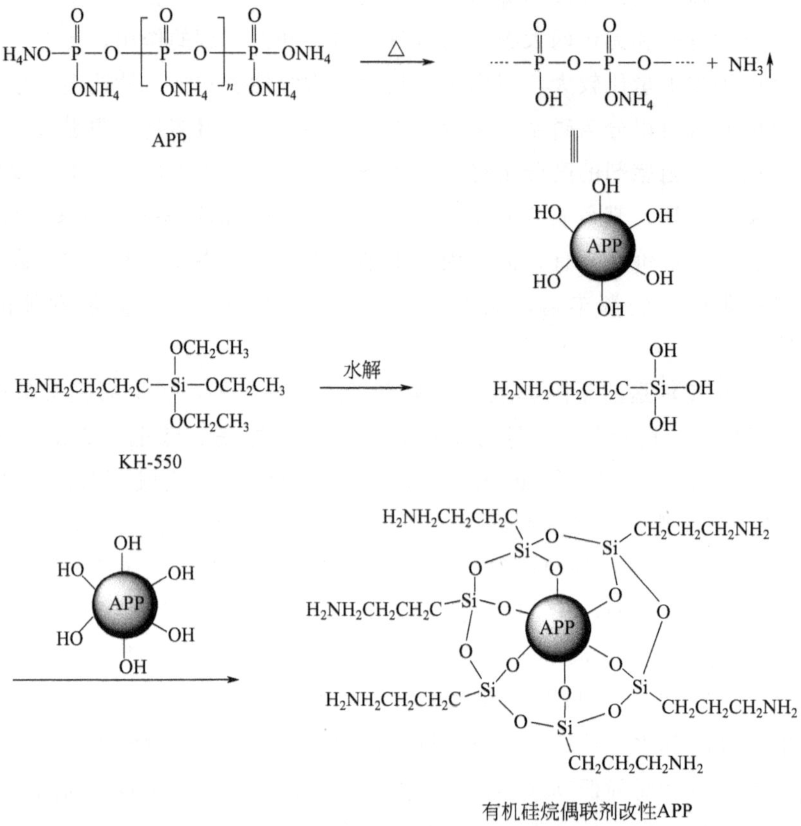

图 2-3　硅烷偶联剂 KH-550 改性 APP 过程示意图

对未改性 APP 和改性 APP 产品分别进行如下测定：①红外光谱测定，判断硅烷偶联剂是否包覆于 APP 表面；②激光粒度仪粒径测定，监测偶联反应对 APP 固体粉末粒径大小及其分布的影响；③水中溶解度测定，计算 APP 溶解度的下降率。

APP 室温下水中溶解度的测定方法：在室温下，50mL 单口烧瓶中加入 1g APP、25mL 水，磁力搅拌 60min 后，将溶液倒入离心管中离心 15min，将离心管中上清液置于已知质量的单口圆底烧瓶中，瓶与上清液质量的总质量记为 $m_{总}$，则上清液质量 $m_1 = m_{总} - m_{瓶}$，然后旋转蒸发仪旋蒸去除溶剂，100℃下烘干至恒重，得到溶解于溶剂中 APP 的质量为 m_2。根据公式计算溶解度 A：$A = 100m_2/(m_1 - m_2)$，单位为 g/100g 水。

设计要求

① 通过查阅资料和反应原理设计硅烷偶联剂改性 APP 反应的主要影响因素和变化范围；

② 从工艺优化的角度选择优化方法。

思考题

① 常见阻燃剂有哪几种类型？各有什么优缺点？

② 膨胀型阻燃剂的阻燃原理是什么？

③ 阻燃剂 APP 有什么优缺点？

④ 硅烷偶联剂改性 APP 的反应主要有哪些影响因素？

⑤ 增加硅烷偶联剂改性 APP 的反应温度和反应时间是否一定可以增加改性的效果，即是否一定会在 APP 表面包覆更多的偶联剂？如果不是，请解释其原因。

实验 5　表面活性剂临界胶束浓度的测定

表面活性剂是一类具有两亲性结构的特殊精细化工产品。表面活性剂溶液具有形成胶束的特点，其许多物理化学性质随着胶束的形成而发生突变，故将临界胶束浓度（CMC）看作表面活性剂的一个重要特性，是表面活性剂溶液表面活性大小的量度。因此，测定 CMC、掌握影响 CMC 的因素，对于深入研究表面活性剂的物理化学性质是至关重要的。

测定 CMC 的方法有很多，原则上只要溶液的物理化学性质随着表面活性剂溶液浓度在 CMC 处发生突变，都可以用来测定 CMC。本实验采用电导法测定表面活性剂的临界胶束浓度，属于综合性实验，计划 4 学时完成。

实验目的

① 了解表面活性剂的特性和胶束形成原理；

② 掌握表面活性剂溶液临界胶束浓度的测定原理和方法。

实验原理

表面活性剂是一类具有明显"两亲"性质的化学物质，分子中既含有亲油的足够长的（大于 8 个碳原子）烃基，又含有亲水的极性基团（通常是离子化的）。表面活性剂进入水中，在低浓度时呈分子状态，并且三三两两地把亲油基团靠拢而分散在水中。当溶液浓度加大到一定程度时，许多表面活性剂的分子立刻结合成很大的集团，形成"胶束"。以胶束形式存在于水中的表面活性剂是比较稳定的。表面活性剂在水中形成胶束所需的最低浓度称为临界胶束浓度，以 CMC 表示。在 CMC 点上，由于溶液的结构改变导致其物理及化学性质（如表面张力、电导率、渗透压、浊度、光学性质等）同浓度的关系曲线出现明显的转折，如图 2-4 所示。这个现象是测定 CMC 的实验依据，也是表面活性剂的一个重要特性。

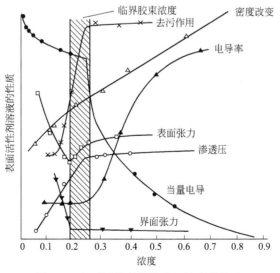

图 2-4　表面活性剂的性质与浓度的关系

精细化工实验与设计

通常用表面张力-浓度对数图确定 CMC。具体做法：测定一系列不同浓度溶液的表面张力 γ，作出 $\gamma\text{-}\lg c$ 曲线，将曲线转折点两侧的直线部分延伸，相交点的浓度即为体系中表面活性剂的临界胶束浓度。此法的优点是：简单方便，对各类表面活性剂普遍适用，测定临界胶束浓度的灵敏度不受表面活性剂的类型、活性高低、存在无机盐以及浓度高低等因素影响。但是当溶液中存在少量高表面活性的杂质时，曲线出现最低点，不易确定 CMC，而且所得结果有误差。另一方面，表面张力-浓度对数图曲线是否出现最低点通常被用作表面活性剂样品纯度的实验证据。

电导法只对离子型表面活性剂适用。它是测定临界胶束浓度的经典方法。具有简便的优点。确定临界胶束浓度时可以用电导率对浓度（c）或摩尔电导率对浓度的平方根（$\sqrt{c}$）作图，转折点的浓度即为临界胶束浓度。这种方法对于较高表面活性的离子型表面活性剂准确度较高。而对临界胶束浓度较大的则灵敏度较差。无机盐存在会影响测定。

利用某些具有光学作用的油溶性化合物作为探针来探明溶液中开始大量形成胶团的浓度是此类方法的共同原理。染料法是最早使用的方法。临界胶束浓度是指表面活性剂水溶液被水稀释过程中溶液中染料颜色发生显著变化时的浓度。染料法的一个缺点是有时颜色变化不够明显，使临界胶束浓度不易准确确定。染料法的另一个缺点是由于加入染料，可能对体系临界胶束浓度有影响，使测定结果不准确。通常对临界胶束浓度较小的表面活性剂影响较大。

浊度法与染料法类似，只是用水不溶性的烯烃（如苯等）代替染料作探针，表面活性剂对烯烃在水中的溶解性具有加溶作用。在水稀释过程中溶液浊度突然变化时的表面活性剂浓度即为表面活性剂的临界胶束浓度。由于烯烃的加溶，浊度法通常使测定的临界胶束浓度降低。

光散射法测定临界胶束浓度准确度高，并且具有通用性，但设备与操作较表面张力法复杂得多。

仪器和药品

仪器：电子天平、容量瓶、移液管、电导率仪。

药品：十二烷基硫酸钠、蒸馏水。

实验步骤

本实验选择用电导法在室温下测定十二烷基硫酸钠（SDS）水溶液的表面张力。具体操作步骤如下：

① 电子天平称取适量干燥的十二烷基硫酸钠（分析纯）于 100mL 烧杯中，用二次蒸馏水少量溶解后在 100mL 容量瓶中定容配置成 $1.00\times10^{-1}\,\text{mol/L}$ 的溶液。

② 从上述溶液中用移液管移取少量溶液，再在 100mL 容量瓶中定容，配置新的溶液。依次逐级稀释，在 $1.00\times10^{-1}\sim1.00\times10^{-5}\,\text{mol/L}$ 范围内配置 8～10 个不同浓度的溶液。

③ 用电导率仪从稀到浓依次测定上述溶液的电导率，每个浓度读数三次取平均值，并计算出当量电导。

④ 作出电导率-浓度曲线（或当量电导-浓度平方根曲线），在曲线拐点处即为 CMC 值（文献值：40℃ SDS 的 $CMC = 8.6 \times 10^{-3}$ mol/L；25℃ SDS 的 $CMC = 8.27 \times 10^{-3}$ mol/L）。

注意事项

① 配置表面活性剂溶液时，要在恒温条件下进行，温度变化应在5℃以内。

② 为使测量结果更准确，在设计浓度时，要注意在拐点附近多取几个值。

③ 为减少误差，要在高于克拉夫特点的温度下进行测定（高于15℃）。

④ 溶液的表面对于大气灰尘或周围的挥发性化学溶剂非常敏感，所以不要在进行测定的房间内处理挥发性的物品，全部仪器应该用保护罩保护起来。

⑤ 在测定电导率时应从稀到浓测定，以减少误差。

⑥ 在测定电导率时，注意每次测量都要对电极进行蒸馏水和测量液的洗涤。

思考题

① 为什么表面活性剂表面张力-浓度曲线有时出现最低点？

② 电导法测定表面活性剂临界胶束浓度的优势是什么？缺点是什么？

③ 非离子表面活性剂能否采用电导法测定临界胶束浓度？为什么？

④ 影响临界胶束浓度测定的因素有哪些？

实验6　高固含量羧酸/磺酸盐型水性聚氨酯乳液的合成

聚氨酯是一种重要的高分子材料，在涂料、胶黏剂、弹性体、泡沫塑料、纤维、合成皮革等领域有广泛应用。聚氨酯产品主要有油溶性（溶剂型）和水溶性两种，随着日益严峻的环境压力和严格的环保法规以及消费者对环保意识的增强，溶剂型聚氨酯材料逐渐不能满足市场的需求；而水性聚氨酯作为一类新型高分子环保材料，具有无毒、不易燃烧、环境友好等优点，是聚氨酯产品的主要发展方向。水性聚氨酯的生产主要有外乳化法和自乳化法两种，本实验在聚氨酯预聚体上引入亲水基团，采用自乳化法制备水性聚氨酯乳液，并进行性能的测试，属于设计性实验，计划10学时。

实验目的

① 了解聚氨酯产品的特性和应用；

② 掌握水性聚氨酯的制备原理和影响因素；

③ 掌握水性聚氨酯的制备方法。

实验原理

聚氨酯的全称为聚氨基甲酸酯（PU），它是含氮杂链聚合物，是通过很多氨基甲酸酯基团（NHCOO）连接形成的 PU 主链大分子化合物，通式为 +O—CONH+_n。用不同的原料可以制得较宽温度范围的材料，其范围在 $-50 \sim 150℃$，由于聚氨酯的性能会受到分子间作用力、分子量、取代基等的影响，所以制得的产品在性能上存在差距。聚氨酯具有力学性能良好、耐候性好、弹性随温度的变化不大、热塑性好、容易固化成型等优点，可用于塑料、橡胶、泡沫塑料、弹性纤维、黏合剂、密封剂制造、涂料和合成革的防水材料以及其他产品。

聚氨酯产品主要有溶剂型和水性两种，其中水性聚氨酯具有不燃、无毒、无污染、安全可靠、力学性能良好、相容性好、易于改性等优点，使用方便，因此备受关注，成为当今聚氨酯领域发展的重要方向。但是与溶剂型聚氨酯相比，常规的水性聚氨酯还存在成膜光泽度低，成膜时间长，耐水、耐溶剂和耐化学腐蚀性欠佳，固含量较低等缺点，因而对水性聚氨酯进行各种改性使其克服应用上的缺陷是目前水性聚氨酯研究的热点。

水性聚氨酯制备所用的主要原料包括：低聚物多元醇、多异氰酸酯、扩链剂、成盐剂和溶剂等。

（1）低聚物多元醇

水性聚氨酯树脂制备中常用的低聚物多元醇一般以聚醚多元醇、聚酯多元醇居多，有时也使用聚醚三醇、低支化度聚酯多元醇和聚碳酸酯二醇等低聚物多元醇。聚醚型聚氨酯的柔顺性、耐水性较好，常用的有聚氧化丙烯二醇和聚四氢呋喃醚二醇等。聚酯型聚氨酯强度高、黏结力好，但聚酯本身的耐水解性差导致其聚氨酯产品储存稳定期较短。国外的聚氨酯乳液及涂料产品的主流产品是聚酯型的。聚碳酸酯型聚氨酯耐水性、耐候性、耐热性好，但易结晶，价格高，应用受到限制。

聚氨酯可看作是一种含软段和含硬段的嵌段共聚物，软硬段的比例对聚氨酯产品的性能影响很大，可通过控制原料的比例即—NCO/—OH 的比值进行调节。水性聚氨酯的软段由低聚物多元醇组成，无论是聚酯型 PU 还是聚醚型 PU，软硬段的相容性及软段的结晶性对 PU 的性能有很大影响。一般来说，软段越短，即多元醇的分子量越小，软硬段的相容性越好。分子量越高的软段越倾向于与硬段分离，软段的结晶性也提高，使得 PU 的整体亲水性增强。多元醇结构单元的规整性也影响着 PU 的结晶性。侧基越小，醚和酯间亚甲基数目越多，链越柔顺，PU 的结晶性越高。

（2）多异氰酸酯

制备水性聚氨酯常用的二异氰酸酯有甲苯二异氰酸酯（TDI）、二苯基甲烷二异氰酸酯（MDI）等芳香族二异氰酸酯，以及六亚甲基二异氰酸酯（HDI）、异佛尔酮二异氰酸酯（IPDI）、二环己基甲烷二异氰酸酯（H_{12}MDI）等脂肪族、脂环族二异氰酸酯。由脂肪族或脂环族二异氰酸酯制成的水性聚氨酯，其耐水解性比芳香族二异氰酸酯制成的聚氨酯好，储存稳定性好。国外高品质的聚酯型水性聚氨酯一般采用脂肪族或脂环族二异氰酸酯原料制成，我国受原料品种和价格的限制，大多采用 TDI 为原料。

（3）扩链剂

水性聚氨酯制备中常使用亲水扩链剂。亲水扩链剂是在对端异氰酸酯基的聚氨酯预聚体进行扩链的同时引入亲水性基团的物质。亲水扩链剂的种类很多，根据水性聚氨酯亲水基团的类型的不同，可将其分为阴离子型扩链剂、阳离子型扩链剂和非离子型扩链剂三种。常用的亲水扩链剂主要有二羟甲基丙酸（DMPA）、2,2-二羟基丁酸（DMBA）等，这类扩链剂是制备水性聚氨酯过程中使用得最多的原料。除此以外，有时也同时使用乙二胺、乙二醇、一缩二乙二醇、己二醇、1,4-丁二醇、二乙烯三胺等常规扩链剂。

作为水性聚氨酯制备过程的重要组分，亲水型扩链剂的种类、用量、加入方式等将直接影响 PU 分散体系及其涂膜的性能。近年来，国内关于水性聚氨酯的研究已开展了较多，较多研究采用二羟甲基丙酸作为亲水扩链剂，而由二羟甲基丙酸合成的羧酸盐型水性聚氨酯亲水性较差、硬段含量较高，难以满足诸如高耐水性、高柔软性、高固含量等要求。与羧酸盐型水性聚氨酯相比，磺酸盐型水性聚氨酯更易得到高固含量的产品，可适用的 pH 范围较宽（pH 为 5~8），并具有较好的初黏度、耐水及耐热性。

本实验选择羧酸盐和磺酸盐混合搭配作为亲水扩链剂，兼顾两者的优点，以制备性能优良的水性聚氨酯乳液。

（4）水

水是水性聚氨酯胶黏剂的主要介质，为了防止自来水中的 Ca^{2+}、K^+ 等杂质对阴离子型水性聚氨酯稳定性的影响，用于制备水性聚氨酯胶黏剂的水一般是蒸馏水或去离子水。除了用作聚氨酯的溶剂或分散介质，水还是重要的反应性原料。在聚氨酯预聚体分散于水的同时，水也参与扩链。

（5）催化剂

制备水性聚氨酯最常见的催化剂有：有机锡类，脂肪族、脂环族的叔胺类等。有机锡类催化剂主要有辛酸亚锡、二月桂酸二丁基锡等，叔胺类催化剂主要有三乙胺、三乙醇胺、吡啶等。当这两种催化剂按一定比例混合使用时，将具有协同效应，即催化作用将会大大增强。另外，当催化剂的量过高时，反应体系的黏度将会不易控制。所以在使用催化剂时，一定要严格控制催化剂的量。

（6）成盐剂

成盐剂（中和剂）是一种能和羧基、磺酸基、叔胺基或脲基等基团反应形成聚合物盐或者生成离子基团的试剂。不同的成盐剂对产物的性能有很大影响，选择成盐剂的主要条件是使树脂的稳定性好，外观好，经济易得。其中阴离子型水性聚氨酯常用的成盐剂主要有三乙胺、氨水、氢氧化钠等，而阳离子型水性聚氨酯常用的成盐剂主要有盐酸、乙酸、环氧氯丙烷等烷基化试剂。在制备水性聚氨酯时，成盐剂一般是与亲水扩链剂等当量地加入。

聚氨酯一般是疏水性的，要制备水性聚氨酯，一种方法是采用外乳化法，即在乳化剂存在下将聚氨酯预聚体或聚氨酯有机溶液强制性乳化于水中，该法制备的水性聚氨酯树脂稳定性差，且加入的乳化剂会影响到水性聚氨酯产品的最终性能。另一种方法是在制备聚氨酯过程中引入亲水性成分，直接水中乳化，不需添加乳化剂，此法即自乳化法，该方法大大改善了水性聚氨酯树脂的稳定性。目前水性聚氨酯树脂的制备主要以自乳化法为主。

本实验采用自乳化法制备水性聚氨酯乳液，主要按以下步骤进行：先由低聚物二醇与二异氰酸酯反应制得分子量不是很高的端 NCO 基的聚氨酯预聚体，然后加入可引入离子基团的亲水扩链剂进行扩链反应，再加入成盐剂如三乙胺进行离子化成盐，制得含亲水基团的中高分子量的聚氨酯预聚体，最后加入水在剪切力作用下自乳化，制得高分子量的水性聚氨酯乳液。以二羟甲基丙酸（DMPA）作亲水扩链剂为例，具体示意图如图 2-5 所示。

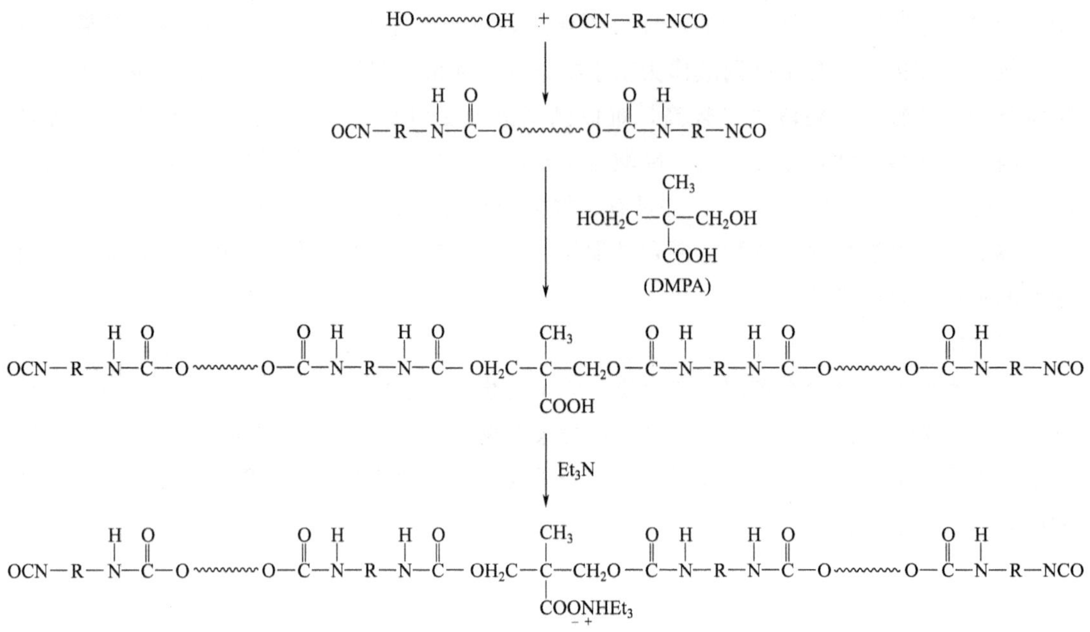

图 2-5　自乳化法制备水性聚氨酯乳液过程示意图

仪器和药品

仪器：电子天平、机械搅拌器、恒温水浴锅、恒温鼓风干燥箱、旋转蒸发仪、离心机、激光粒度仪、数字式黏度计。

药品：聚己二酸-1,4-丁二醇酯（PBA2000）、异佛尔酮二异氰酸酯（IPDI）、二羟甲基丙酸（DMPA）、乙二胺基乙磺酸钠（AAS）、二月桂酸二丁基锡、三乙胺（TEA）、丙酮。

实验步骤

在 250mL 三口烧瓶中，加入电子天平准确称取的 50g PBA2000、16g IPDI 和 0.1g 二月桂酸二丁基锡，机械搅拌，恒温水浴锅加热升温至 85～90℃，反应 2h 后降温至 75～80℃，加入 0.56g DMPA 和 20mL 丙酮，反应 2h；然后降温至 30℃ 以下，加入 1.75g 三乙胺和 2.45g AAS，反应 15min；最后加 70mL 蒸馏水并强烈搅拌乳化，旋转蒸发仪减压脱除丙酮得到水性聚氨酯乳液。

性能测试

① 固含量测定：称取 0.8～1.2g（m_2）水性聚氨酯乳液样品于洁净干燥的表面皿中，于 120℃ 恒温鼓风干燥箱内干燥至恒重，降温冷却至室温后称得表面皿残留物质的质量（m_1），则所得水性聚氨酯乳液的固含量＝$(m_1/m_2) \times 100\%$。

② 稳定性测试：将水性聚氨酯乳液置于离心机中，于 3000r/min 条件下离心 15min，若乳液无沉淀，则可以认为乳液有 6 个月的储存稳定期。

③ 粒径测试：将乳液稀释，用激光粒度分析仪于室温下测试所得水性聚氨酯乳液的粒径分布。

④ 黏度测定：使用数字式黏度计测定所得水性聚氨酯乳液的黏度。

⑤ 有条件的还可以将所得水性聚氨酯乳液成膜后进行拉伸强度、断裂伸长率和吸水率的测定。

设计要求

① 通过查阅资料和反应原理设计高固含量羧酸/磺酸盐型水性聚氨酯乳液合成的主要影响因素和变化范围；

② 从工艺优化的角度选择优化方法。

思考题

① 反应原料中—NCO/—OH 的比值是重要的影响因素，若该比值上升，则聚氨酯结构中软硬段比例是上升还是下降？

② 水性聚氨酯产品和油溶性聚氨酯产品相比有什么优缺点？

③ 采用自乳化法制备水性聚氨酯乳液比用外乳化法有什么优点？

④ 采用自乳化法制备水性聚氨酯乳液，亲水性基团的量越大，是不是乳液的性能（如稳定性）越好？

⑤ 磺酸盐型亲水基团比羧酸盐型亲水基团制备的水性聚氨酯产品有什么优点？

实验 7　农药中间体 2,4-二氯-5-硝基苯基异丙基醚的清洁合成

2,4-二氯-5-硝基苯基异丙基醚是农药噁草酮合成的重要中间体。该农药中间体属于芳香醚类化合物，一般利用威廉姆森成醚反应制备，即通过对应的取代酚钠与卤代烃在碱性条件下反应得到。具体根据反应所在体系的不同分为三种方法，即分别在有机溶剂甲苯、水溶剂和离子液体介质中进行。本实验选择两种方法，即分别在水溶液和离子液体中进行威廉姆森成醚反应制备 2,4-二氯-5-硝基苯基异丙基醚，属于设计性实验，计划 10 学时完成。

实验目的

① 了解清洁合成的意义和离子液体的特性。

② 掌握 2,4-二氯-5-硝基苯基异丙基醚的制备方法。

③ 掌握清洁溶剂水、离子液分别替代有机溶剂的绿色合成方法。

实验原理

2,4-二氯-5-硝基苯基异丙基醚是重要的有机医药中间体，可应用于农药噁草酮的合成。传统的合成方法是以 2,4-二氯-5-硝基苯酚为原料在有机溶剂甲苯中与溴代异丙烷反应制备得到。该工艺大量使用有机溶剂，溶剂回收成本大，工艺复杂，且溶剂挥发污染环境，不符合绿色化学要求。

改进的绿色合成工艺之一是以水替代有机溶剂甲苯，在碱性条件下利用相转移催化技术，水相中合成 2,4-二氯-5-硝基苯基异丙基醚。反应体系为两相，其中有机相由醚与卤代烃组成，无机相为酚钠水溶液，无机相中 2,4-二氯-5-硝基苯氧负离子由相转移催化剂带入有机相。调节反应体系 pH 值在 8 左右可以使酚钠保持一定的浓度，同时阻止卤代烃的水解。该工艺以水替代有机溶剂，减少了对环境的污染。

另一绿色工艺是以绿色溶剂离子液体替代有机溶剂甲苯或水为反应介质，溴代异丙烷

和取代酚钠为原料合成相应的取代芳香醚。该方法操作简便，反应产物易分离，反应过程中未使用有机溶剂，减少了对环境的污染；离子液在反应过程中易分离，可重复利用，解决了离子液价格高、难以工业化的问题。

本实验以溴代异丙烷、2,4-二氯-5-硝基苯酚为原料，分别选择水和溴化 1-甲基-3-丁基咪唑（[Bmim]Br）离子液体作绿色溶剂，两种方法合成 2,4-二氯-5-硝基苯基异丙基醚，合成路线见图 2-6。

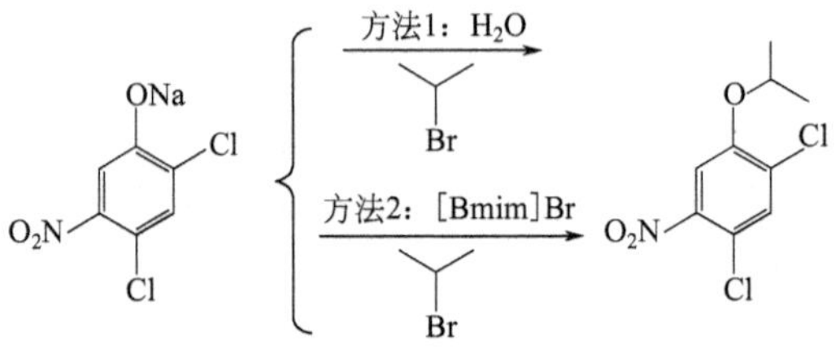

图 2-6　2,4-二氯-5-硝基苯基异丙基醚的合成路线

仪器和药品

仪器：磁力搅拌器、恒温油浴锅、电子天平、玻璃仪器、温度计、三口烧瓶、抽滤装置、循环水泵、真空烘箱、旋转蒸发仪、熔点仪、高效液相色谱仪、核磁共振仪、硅胶板。

药品：氢氧化钠、2,4-二氯-5-硝基苯酚、三乙基苄基氯化铵、离子液体溴化 1-甲基-3-丁基咪唑、溴代异丙烷、二氯甲烷、无水硫酸镁、石油醚、乙酸乙酯。

实验步骤

方法 1

将电子天平准确称取的 3g 氢氧化钠（0.075mol）置于三口烧瓶中，打开磁力搅拌器，加 30g 水搅拌溶解后，依次加入 2,4-二氯-5-硝基苯酚 10.4g（0.05mol）、三乙基苄基氯化铵 0.60g。当恒温油浴锅加热到 90℃以上时，在 1h 内缓慢滴加 7.38g（0.06mol）溴代异丙烷，滴加时控制温度始终保持 90℃以上，滴加完毕后继续保持反应温度在 90～100℃连续搅拌反应 5h。反应结束，静置分层，用少量水洗涤，分出下层有机层，空气中静置片刻，得到固体状粗产品。粗产品经硅胶板色谱（$V_{石油醚}:V_{乙酸乙酯}=5:1$）分离后得到纯净的产品 2,4-二氯-5-硝基苯基异丙基醚，熔点仪测得熔点 39～40℃。

方法 2

准确称取氢氧化钠 3.0g（0.075mol），用蒸馏水配制成 5% 溶液，冷却后备用。将 15.6g（0.075mol）2,4-二氯-5-硝基苯酚加入到 100mL 三口烧瓶中，搅拌下缓慢加入 5% 氢氧化钠溶液，加完后于 40～60℃水浴下继续搅拌至溶液无颗粒，混合液经冰浴冷却结晶、抽滤装置抽滤、真空烘箱干燥后得红色片状固体 2,4-二氯-5-硝基苯酚钠，待用。

将 9.2g（0.04mol）2,4-二氯-5-硝基苯酚钠和 10g[Bmim]Br 依次加入到 100mL 三口烧瓶中，加热到 90℃以上后，在 1h 内缓慢滴加 5.904g（0.048mol）溴代异丙烷，继续于 90℃以上反应 5h。反应结束后冷却，将混合液移去上层离子液体后用二氯甲烷萃取 2 次（每次 20mL），萃取液用 25mL 水洗、有机相用无水硫酸镁干燥、旋转蒸发仪蒸馏除去溶剂后得粗产品。

所得产物结构通过测定熔点和核磁共振氢谱确认，所得粗产品运用外标标准曲线法通过高效液相色谱仪进行定量分析，计算反应收率。

设计要求

① 通过查阅资料和反应原理设计 2,4-二氯-5-硝基苯基异丙基醚的绿色合成方法和影响因素；

② 从工艺优化的角度选择优化方法。

思考题

① 2,4-二氯-5-硝基苯基异丙基醚的合成方法有哪几种？

② 试用绿色化学的原理对各种合成方法进行分析。

③ 以水、离子液为反应介质有什么优缺点？

④ 反应过程中需要滴加溴代异丙烷，可不可以直接一次性加入？如果一次性加入会出现什么情况？

⑤ 反应过程中溴代异丙烷需过量，为什么？

⑥ 反应过程中，如果出现温度下降的情况，可能是什么原因造成的？

实验8　液体洗涤剂的配制

随着社会的发展和消费水平的提高，人们对洗涤用品的需求也越来越多。多年来，国内消费者一直习惯使用以洗衣粉、洗衣皂为主的固体洗涤剂，而近几年，液体洗涤剂以极快的增长速度改变了洗涤剂市场的分布格局。目前，在洗涤用品中，不论是粉状还是块状产品，都比不上液体洗涤剂产品那样琳琅满目、丰富多样。液体洗涤剂具有使用方便、工艺简单、洗涤性能好、投资少等优点，无论从生产还是消费角度验证，液体洗涤剂都被称为节能、经济型产品。本实验介绍液体洗涤剂的分类、性质、主要成分、配制原理等，重点介绍衣料用液体洗涤剂，并按实例配方进行操作配制、分析。属于综合性实验，计划4学时完成。

实验目的

① 了解液体洗涤剂的分类和主要成分；

② 了解液体洗涤剂各组分的作用和配方原理；

③ 掌握液体洗涤剂配制的工艺。

实验原理

1. 主要性质和分类

人类最早使用的洗涤剂是肥皂。随着有机合成表面活性剂的成功开发，合成洗涤剂逐渐进入人们的生活。液体洗涤剂是合成洗涤剂的主要品种，最早出现于20世纪40年代末，主要商用产品是手洗餐具洗涤剂。始于1958年美国的重垢洗涤剂含磷少，于70年代因禁磷和限磷在各国得到快速发展。到了90年代，液体洗涤剂在形式、功能、结构上都有了新的变化，成为洗涤剂产量中仅次于粉状洗涤剂的第二大类洗涤剂制品。从洗涤剂品种来看，液体洗涤剂品种远多于固体洗涤剂。

液体洗涤剂与固体洗涤剂相比，具有使用方便、溶解（分散）速度快、低温洗涤效果好、体系碱性低、对织物和肌肤更加温和、适合机械化洗涤工艺，以及配方灵活、制造工艺简单、设备投资少、节能、环境污染少及加工成本低等优点，越来越受到消费者的青睐。

液体洗涤用品正在由通用型低档产品向功能型、专业化和系列化发展。按去污对象分为衣料用液体洗涤剂、餐具洗涤剂、个人卫生用清洁剂和硬表面清洗剂。按剂型又可分为普通型和浓缩型。

衣料用洗涤剂是目前用量最大的一类洗涤剂，也是本实验重点介绍的内容。它包括重垢液体洗涤剂、轻垢液体洗涤剂、织物漂白剂、织物柔软剂、预处理剂等。餐具洗涤剂包括手洗餐具洗涤剂和机用餐具洗涤剂。个人卫生用清洁剂包括洗手液、沐浴液、洗发液、护发素等。硬表面清洗剂包括浴室清洁剂、洁具清洁剂和玻璃清洁剂等。

2. 配方设计的原则

衣料用液体洗涤剂是洗涤用品中最具发展潜力的产品类型，洗衣液产品中以重垢洗衣液为主，占 60% 以上，功能液体洗涤剂占不到 40% 的市场份额。

表面活性剂是液体洗涤剂的主要组分，液体洗涤剂的去污（油）机理主要是利用表面活性剂降低油/水的界面张力，发生乳化作用，将油污分散和增溶在洗涤液中。

选择液体洗涤剂的主要组分（表面活性剂）时，可遵循以下通用原则：

① 有良好的表面活性和降低表面张力的能力，在水相中有良好的溶解能力。

② 表面活性剂在油/水的界面能形成稳定的紧密排列的凝聚态膜。

③ 根据乳化油相的性质，油相极性越大，要求表面活性剂的亲水性越强；油相极性越小，要求表面活性剂的疏水性越强。

④ 表面活性剂能适当增大水相黏度，以减少液滴的碰撞和聚结速度。

⑤ 尽可能选择天然可再生资源代替石油产品，选择对人体温和、无毒、生物降解性好的表面活性剂。

另外，液体洗涤剂最终产品需满足产品标准规定的各项技术要求、试验方法、检验规则和标志、包装、运输及储存条件等。

3. 组成成分及作用

液体洗涤剂的配方由主要成分（表面活性剂）和添加剂（增稠剂、螯合剂、柔软剂、防腐剂、漂白剂、溶剂和助溶剂、抗氧化剂、酶制剂、香精等）组成。

（1）表面活性剂

液体洗涤剂中表面活性剂主要选用阴离子表面活性剂和非离子表面活性剂。可以选用的表面活性剂很多，但实际上最常用的只有少数几种。使用最多的是对十二烷基苯磺酸钠（LAS）、烷基硫酸酯盐（AS）、脂肪醇聚氧乙烯醚硫酸盐（AES）、α-烯烃磺酸盐（AOS）、高级脂肪酸盐（皂基）、烷基糖苷（APG）、脂肪醇聚氧乙烯醚（AEO）、烷醇酰胺等。

LAS 是我国产量最大、价格最便宜的合成表面活性剂品种，特点是稳定性好、去污力好、价格便宜，缺点是刺激性大、抗硬水能力差；AES 具有良好的起泡效果和洗涤去污能力，易溶于水，耐硬水能力大大加强；AOS 生物降解性好，刺激性小，去污能力好，泡沫细腻、丰富而持久，相比于 LAS、AS 和 AES，AOS 性价比更高，可以部分替代 LAS。

（2）螯合剂

在洗涤剂历史上，磷酸盐、硅酸盐和碳酸盐一直是良好的螯合助剂。其中磷酸盐虽然具有良好的螯合硬水能力、乳化分散性及 pH 缓冲作用，但应水体无污染和环保、无磷的要求逐渐被淘汰。现在最常用和最有效的是乙二胺四乙酸钠（EDTA），较多使用的是柠檬酸钠、次氮基三乙酸钠（NTA）和偏硅酸钠。

（3）漂白剂

漂白剂常用过氧漂白剂和氯漂白剂两种。其中氯漂白剂（如次氯酸钠、次氯酸钙等）虽然价格便宜，但可能对织物强度和颜色方面有影响，同时对生态和环境也不友好。目前常用的是过氧漂白剂，如过硼酸钠、过碳酸钠和过氧化氢。

（4）防腐剂

与固体洗涤剂不同，液体洗涤剂需考虑防腐问题，常见的防腐剂是甲醛，随着液体洗涤剂档次的提高，尼泊金酯（适合碱性条件）、卡松、布罗波尔等越来越广泛使用。

（5）溶剂与助溶剂

溶剂的作用是溶解活性物质、提高配方的稳定性、降低配方的浊点，还可溶解油脂，促进污垢的去除。助溶剂的作用是增进表面活性剂与助剂的互溶性。常用液体洗涤剂的溶剂是去离子水或软化水。常用的助溶剂是乙醇、尿素、短链苯磺酸盐、烷基磷酸酯等。尿素不适合在碱性液体洗涤剂中使用，因此重垢液体洗涤剂中不宜加入尿素。

（6）增稠剂

增稠剂是增加液体洗涤剂黏度、改进洗涤剂流变性能的辅助添加剂。黏度是液体洗涤剂的一个重要指标，黏度太低，不仅影响产品的感官，有时也会影响产品的使用效果。无机增稠剂价格便宜，使用方便，常用的有氯化钠、氯化铵、硅胶、硅藻土等。有些特定的产品需要用有机高分子化合物增稠，常见的有丙烯酸、丙烯酸和马来酸聚合物等。

（7）酶制剂

加入酶制剂可以提高产品的去污能力，是衣用重垢液体洗涤剂的方向之一。常用的酶制剂有蛋白酶、脂肪酶、纤维素酶、果胶酶等。

（8）抗氧化剂

常用的抗氧化物质有二丁羟基甲苯（BHT）、丁基羟基茴香醚（BHA）、没食子酸丙酯（PG）等。EDTA 也有抗氧化作用。

（9）抗静电剂

阳离子表面活性剂和两性离子表面活性剂都是良好的抗静电剂，但因价格偏高而一般不在衣用液体洗涤剂中使用，而磷酸酯盐型阴离子表面活性剂也是良好的抗静电剂，常用于衣用液体洗涤剂中。

（10）助洗剂

① 无机助洗剂：硫酸钠等无机盐在重垢型衣用液体洗涤剂中使用相对较多；膨润土、海泡石通常只能在重垢型衣用液体洗涤剂中使用，当以皂基为主表面活性剂时同时使用会有更好效果。

② 有机助洗剂：羧甲基纤维素钠（CMC）、聚乙二醇（PEG）、聚乙烯醇（PVA）、聚乙烯吡咯烷酮（PVP）、聚丙烯酸钠等。PVP 价格昂贵，在一般衣用液体洗涤剂中较少

应用。PVA 一般不宜在碱性液体洗涤剂中应用。大多数水溶性高分子化合物更适合于在非碱性条件下使用，不适用于透明类碱性液体洗涤剂产品，可适用于乳液类液体洗涤剂产品中。

（11）柔软剂

柔软剂使洗后的衣物具有良好的手感，柔软、蓬松，抗静电。常用的柔软剂主要是阳离子表面活性剂和两性离子表面活性剂（用于高档液体洗涤剂中）。

（12）缓冲剂

缓冲剂即 pH 值调节剂，一般来说，轻垢型衣用液体洗涤剂使用酸性或微碱性物质的频次相对多一些，如磷酸、柠檬酸、碳酸氢钠、磷酸二氢钠、柠檬酸钠、乙醇胺等；重垢型衣用液体洗涤剂使用偏碱性物质的频次多些，如碳酸钠、碳酸钾、硼酸钠、硅酸钾、三聚磷酸钠等。

（13）香精和色素

为使产品或洗后衣物具有使人们感到愉快的嗅觉、味觉和视觉效果，常需要加入香精和色素。衣用轻垢型液体洗涤剂中香精的参考用量为 0.3% 以下，衣用重垢型液体洗涤剂的用量更低。

特别需要注意的是，许多助剂都是一剂多能，为减少重复，尽可能只在一个种类添加剂中列出。相互之间容易发生重复的添加剂大多是螯合剂、缓冲剂和无机助洗剂。

仪器和药品

仪器：机械搅拌装置、恒温水浴锅、pH 试纸、黏度计、三口烧瓶。

药品：十二烷基苯磺酸钠（LAS）、脂肪醇聚氧乙烯醚硫酸钠（AES）、脂肪醇聚氧乙烯醚（AEO-9）、椰子油二乙醇酰胺、乙醇、EDTA-4Na、NaCl、尼泊金酯、磷酸、香精、色素、去离子水。

实验步骤

（1）配方

衣用轻垢型液体洗涤剂配方两则见表 2-1。

表 2-1　衣用轻垢型液体洗涤剂配方两则

主要成分名称	配方 Ⅰ（质量分数）/%	配方 Ⅱ（质量分数）/%
十二烷基苯磺酸钠（LAS）	12.0	10.0
脂肪醇聚氧乙烯醚硫酸钠（AES）	5.0	3.0
脂肪醇聚氧乙烯醚（AEO-9）	8.0	5.5
椰子油二乙醇酰胺	2.0	3.0
乙醇	1.8	1.2
EDTA-4Na	0.5	0.5
NaCl	1.0	1.5
尼泊金酯	0.1	0.1
磷酸	适量	适量
香精	适量	适量
色素	适量	适量
水	至 100	至 100

（2）操作步骤

在 250mL 三口烧瓶中加入计量的水，恒温水浴加热至 50℃，机械搅拌下缓慢加入 AES，不断搅拌使其完全溶解，再在搅拌下依次加入 LAS、AEO-9 和椰子油二乙醇酰胺，直至搅拌到混合均匀为止。降温至 40℃ 或以下，依次加入 EDTA-4Na、尼泊金酯、乙醇、香精、色素，搅拌均匀。降至室温，用磷酸调节 pH 值至 7.0～7.5，再加入 NaCl 调节至所需黏度，并用黏度计测定产品的黏度。

产品的性能测试和标准可参见 QB/T 1224—2012。

注意事项

① AES 需缓慢加入水中溶解，不能倒过来直接加水溶解，否则易形成黏度较大的凝胶。

② AES 高温下易水解，所以整个操作过程不能超过 60℃。

③ 依次加料时，需等前一种完全溶解后，再加入下一种。

④ 加 NaCl 调节黏度时，一般先用少量水溶解，加规定量的大部分，再用余量调节至所需黏度。

⑤ 加入香精的温度不得超过 40℃，以防止挥发损耗。

思考题

① 液体洗涤剂与固体洗涤剂相比有什么优缺点？

② 液体洗涤剂主要有哪些类别和产品？

③ 液体洗涤剂中表面活性剂的选择应遵循什么原则？

④ 液体洗涤剂由哪些成分组成？其中最主要的是什么？各个成分都有什么作用？

⑤ 液体洗涤剂中各组成都有什么作用？具体组分的常用代表物质各有哪些？

⑥ 液体洗涤剂的 pH 值是怎么控制的？为什么？

实验 9　洗发香波的配制

洗发香波（shampoo）是以表面活性剂为主要组分，具有丰富的泡沫、温和的去污效果和优良的干湿梳理性，以清洁护发为目的的个人清洗用品，包括珠光洗发香波、透明洗发香波、调理洗发香波及其他功能性洗发香波等。本实验介绍洗发香波的分类、性质、主要成分、选购原则、配制原理等，并按实例配方进行操作配制、分析，属于综合性实验，计划 4 学时完成。

实验目的

① 了解洗发香波的分类和主要成分；

② 了解洗发香波中各组分的作用和配方原理；

③ 掌握洗发香波配制的工艺。

实验原理

（1）主要性质和分类

洗发香波是洗发用化妆洗涤用品，是一种以表面活性剂为主的加香产品，它不但有很好的洗涤作用，而且有良好的化妆效果。不但在洗发的过程中能去油垢、去头屑、不损伤头发、不刺激头皮、不脱脂，而且洗后头发光亮、美观、柔软、易梳理。

洗发香波按产品形态分类，可分为液体、膏状、粉状、块状、胶冻状香波及气雾剂型产品。块状的可称为合成香皂，粉状的称为洗发粉，膏状的称洗发膏，通常香波指液体状态的洗发产品。液体洗发香波又可按液体状态分为透明洗发香波、乳液状洗发香波、胶状洗发香波、珠光香波。透明香波比较通用，近年人们偏爱乳液状香波，认为它是功能性高档产品的象征。

洗发香波按功效分，有调理香波、普通香波、药用香波、婴幼儿香波、抗头屑香波、染发香波等。

还有具有多种功能的洗发香波，如兼有洗发、护发作用的"二合一"香波，兼有洗发、去头屑、止痒功能的"三合一"香波。

（2）洗发香波的选择原则

秀发变脏的原因包括灰尘与造型剂的残留，以及头皮所分泌的油脂及汗渍，因此建议选择洗净力适中、具有细致泡沫及刺激性小的洗发液。若使用洗净力过强的洗发液会让毛发必需的脂肪成分过度掉落，导致头发太过干燥或容易生成头皮屑，这也就是常有人说洗头会掉发、容易让头发变得毛糙且有头皮屑的原因。洗发水一定要选用针对性的，因为每个人的发质不相同，头发的状态也不一样。

根据不同的发质选择：

① 干性头发：在洗发水的选择上应注重其是否具有保湿滋润作用，这样，你的秀发才能像皮肤一样深呼吸。

② 油性头发：选用控油爽发型的洗发水，让油性头发长时间保持干爽和舒适。

③ 脆弱发质：最好选用含营养成分的洗发水来护理。

④ 正常发丝：等头皮和发丝都已经自然冷却后，选择适合自己发质的洗发水和护发素，用接近头皮温度的清水，彻底清洁。

根据洗发水的特性和功能选择：

① 温和的洗发水，适合普通的发质。

② 强力滋润型的洗发水，适合头发特别干燥、细幼的发质。

③ 针对受损性的洗发水，比如是针对长期染、烫所造成头发的伤害，是护理性的洗发水。

④ 去头屑的洗发水，含有特有的抑制和去头屑的成分。

⑤ 深层洁净洗发水，可以深入头发彻底清洁头发的化学残渍，使头发恢复以前的状态。

⑥ 二合一的洗发水，可以将洗发、护发两者合一，一次完成。

另外，中药组方产品，比如含有皂哨子、侧柏叶、苦参、何首乌等中药成分，能够调养头皮，恢复头皮生态环境平衡的产品，能够预防头油、头痒、头屑多等问题。

值得注意的是，不论选择什么样的洗发水，不要每天都用洗发水，这会洗掉头发本身的油脂，使头发和头皮干燥，不仅达不到清洁保护头发的目的，反而使其损伤更大。

（3）配方设计的原则

现代的洗发香波已经突破了单纯的洗发功能，成为洗发、护发、美发等多功能产品。

洗发香波的配方设计一般需遵循以下原则：

① 有适度的去污能力，不损伤头发；

② 起泡性好，泡沫多而细腻，常温下泡沫稳定；

③ 要有一定的黏度，但不能太黏，要易冲洗；

④ 梳理性好，洗后头发不发硬，有光泽；

⑤ 温和，对眼、皮肤刺激性小，不引起头痒，不产生头屑。

除此以外，设计时还需注意各主要成分相互之间的配伍性、原料的毒性和成本等。

（4）主要成分及作用

洗发香波配方组分包括主表面活性剂、辅表面活性剂、调理剂、黏度稳定剂、添加剂、防腐剂和香精等。其综合使用效果评价主要与上述各类原料的选用有直接关系。

① 主表面活性剂　一般来说，主表面活性剂是指配方中用量最大的表面活性剂，这些表面活性剂往往是阴离子表面活性剂，常见的有月桂醇硫酸铵、月桂醇醚硫酸铵和月桂醇硫酸钠等。主表面活性剂要求泡沫丰富，易扩散，易清洗，去垢性强，并具有一定的调理作用。

在洗发香波中使用量最大的是脂肪醇醚硫酸盐即月桂醇聚氧乙烯醚硫酸钠（AES）。这类产品中，环氧乙烷加成量减少，性能与脂肪醇硫酸盐接近；加成量增加，则水溶性更好，稠度增高。在高档洗发香波中，一般是使用其乙醇胺盐。在洗发香波中使用前景被看好的是 α-烯基磺酸钠（AOS）。该表面活性剂未见有明显的缺陷，起泡性好，去污力强，刺激性小，水溶性强，配伍性好，在酸碱介质中都很稳定。

② 辅助表面活性剂　阴离子表面活性剂清洁力十分好，脱脂力很强，过度使用会损伤头发，婴儿香波更不可多用，因此需配入辅助表山活性剂，它们在降低体系的刺激性、调整稠度、稳定体系、增泡稳泡方面有所帮助。辅助表面活性剂一般要求具有增强稳定泡沫作用，洗后头发易梳理、易定型、光亮、快干，并有抗静电等功能，与主表面活性剂具有良好的配伍性。

常用的是阳离子表面活性剂和两性离子表面活性剂。阳离子表面活性剂主要是起杀菌、柔软织物、抗静电等作用。常见应用于洗发香波的阳离子表面活性剂有十八烷基三甲基氯化铵（1831）、双十八烷基二甲基氯化铵（D1821）、十二烷基二甲基苄基氯化铵（1227）、阳离子瓜尔胶、阳离子纤维素聚合物（JR-400）、聚季铵盐-7。

两性离子表面活性剂作为辅助表面活性剂的功能是综合性的，除有调理作用外，还有助洗作用。两性离子表面活性剂洗涤性好，刺激性小，配伍性好，与无机盐、酸、碱等具有非常好的配伍性。常见应用于洗发香波的两性表面活性剂有十二烷基二甲基甜菜碱（BS-12）、椰油酰胺丙基甜菜碱、椰油酰胺丙基羟磺甜菜碱、咪唑啉型两性离子表面活性剂等。

一般非离子型表面活性剂作为辅助表面活性剂的功能是增稠，特点是具有良好的配伍性。常见应用于洗发香波的非离子型表面活性剂是烷基醇酰胺（6501，尼诺尔）。烷基醇酰胺是一类用途广泛、使用频率很高的非离子表面活性剂，主要用作增稠剂、增溶剂、发泡剂、稳泡剂和调理剂等。

③ 添加剂　在洗发香波中，除主料外，还要加入多种添加剂。如增泡剂、增稠剂、

增溶剂、珠光剂、调理剂、防头屑剂、保湿剂、缓冲剂、杀菌剂、香精、色素等。

常用的增稠剂有 NaCl、羧甲基纤维素钠、烷醇酰胺、聚乙二醇硬脂酸酯等。

常用的珠光剂有乙二醇硬脂酸酯、丙二酸硬脂酸酯、甘油基硬脂酸酯、硬脂酸镁（或钙或锌）、贝壳粉、云母粉。

防头屑剂有吡啶硫酮锌（ZPT）、吡啶酮乙醇胺盐（MD-204）、甘宝素（异噻唑酮）、硫化硒、六氯代苯羟基喹啉、水杨酸、薄荷醇等。

保湿剂有甘油、丙二醇、山梨醇、聚乙二醇、乳酸钠、天然保湿因子（NMF-18）及乙氧基葡萄糖衍生物。

滋润剂是一些油状物质。如异三十烷、液体石蜡、橄榄油、杏仁油、乳木果油、巴西坚果油、乙氧基化羊毛脂衍生物、毛发水解物、乙酰双酰脲、二甲基硅酮、甲基苯基硅酮、变性硅酮（POE）。

常用的紫外线吸收剂有苯甲酮衍生物、苯并噻唑衍生物。

常用的营养添加剂有维生素 A、B、C、D、E、H。维生素 C 即抗坏血酸。还用氨基酸、激素及其他健肤药物。

根据上述的配方设计原则和主要成分及作用，洗发香波可以按照表 2-2 所示的原则性配方为基础进行设计和调配。

表 2-2　洗发香波原则性配方

成分	功能	用量（质量分数）/%	参考实例
阴离子及两性离子表面活性剂	洗净、起泡	10～20	AES，AOS，AS，咪唑啉
增泡剂	稳泡	1～5	烷醇酰胺、水溶性高分子
增稠剂	增稠	<5	非离子表面活性剂、水溶性高分子、电解质
助溶剂	增溶	<5	醇、尿素、烷基磺酸钠
珠光剂	赋予光泽	<3	乙二醇硬脂酸酯
调理剂	护发	<2	阳离子物质、油、蛋白质
防头屑剂	去屑止痒	<1	ZPT、甘宝素、硫化硒
杀菌剂	防腐	<1	苯甲酸钠，卡松
螯合剂	助洗	适量	EDTA、柠檬酸
紫外线吸收剂	防褪色	适量	二苯甲酮衍生物
缓冲剂	调节 pH 值	适量	柠檬酸、磺酸

注：配方成分还有香精和色料。

仪器和药品

仪器：机械搅拌装置、恒温水浴锅、黏度计、三口烧瓶。

药品：脂肪醇聚氧乙烯醚硫酸钠（AES）、脂肪酸二乙醇酰胺（尼诺尔，6501）、十二烷基二甲基甜菜碱、硅油、NaCl、硬脂酸乙二醇酯、卡松、柠檬酸、香精、色素、去离子水、pH 试纸。

实验步骤

（1）洗发香波配方示例

见表2-3。

表 2-3　洗发香波配方示例

主要成分名称	用量(质量分数)/%
脂肪醇聚氧乙烯醚硫酸钠(AES)	12
脂肪酸二乙醇酰胺(尼诺尔,6501)	3.5
十二烷基二甲基甜菜碱	6
硅油	0.5
NaCl	适量
硬脂酸乙二醇酯	2
卡松	0.05
柠檬酸	适量
香精	适量
色素	适量
水	至100

(2) 操作步骤

在 250mL 三口烧瓶中加入计量的水，恒温水浴加热至 50℃，机械搅拌下加入 AES，加热至 60℃使其溶解，再加入 6501、十二烷基二甲基甜菜碱、硅油，搅拌下溶解，降低搅拌速度，加入硬脂酸乙二醇酯，溶解。降温至 40℃，依次加入卡松、香精、色素，搅拌均匀。用柠檬酸调节 pH 值至 5.5～7.0。降至室温，加入 NaCl 调节至所需黏度，并用黏度计测定洗发香波的黏度。

产品的性能测试和标准可参见 GB/T 29679—2013《洗发液、洗发膏》。

注意事项

① 柠檬酸调节 pH 值应配制成 50％的水溶液。

② 加珠光剂硬脂酸乙二醇酯时控制温度不要超过 70℃。

③ 珠光剂溶解时应慢速搅拌，并应缓慢冷却至 40℃左右结晶，否则不会产生珠光效果，且会大大降低洗发香波的泡沫量。

④ 加入 NaCl 调节黏度时应注意会产生峰值，即开始时黏度增加，超过峰值后再加 NaCl 黏度反而会下降。NaCl 的总量一般不超过 3％。

思考题

① 洗发香波有哪些种类和品牌？

② 日常生活中如何选择合适的洗发香波？

③ 洗发香波配方设计的基本原则是什么？其他还应注意什么？

④ 洗发香波由哪些成分组成？其中最主要的是什么？各个成分都有什么作用？

⑤ 为什么应控制洗发香波的 pH 值？理想的洗发香波 pH 值应控制在多少范围？

⑥ 珠光剂加入后产生珠光的原理是什么？为了能够产生较好的珠光效果，在实际操作过程中最重要的是控制什么？

参考文献

[1]　缪程平，宗乾收，等．在离子液体中合成多取代苯基异丙基醚［J］．合成化学，2011，19（3）：393-396．

[2] 杨宝武.醋酸乙烯乳液聚合的影响因素探讨 [J].粘接,2001,22（1）：18-19,28.

[3] 刘瑛,程秀莲,宋襄翎.聚醋酸乙烯酯乳液合成工艺的研究 [J].辽宁化工,2004,33（1）：7-9.

[4] 朱卫,蔺国强,张贵民.个人洗护用品配方原理及应用技术（Ⅰ）——洗发香波的配方原理及其性能评价 [J].日用化学工业,2004,34（5）：323-326.

[5] 杨卫国.洗发香波文献综述及配方技术浅说 [J].甘肃化工,2003（1）：5-8.

[6] 侯雅丽.洗发香波制造技术及质量控制 [J].表面活性剂工业,2000（3）：32-35.

[7] 王之婧,徐一剡,张玉洲,等.阻燃 PU 革用 APP 的硅烷偶联剂改性研究 [J].浙江化工,2015,46（4）：31-33.

[8] 王雪明.硅烷偶联剂在金属预处理及有机涂层中的应用研究 [D].山东：山东大学,2005：1-8,24-30.

[9] 薛茹君,吴玉程.硅烷偶联剂表面修饰纳米氧化铝 [J].应用化学,2007,24（11）：1236-1239.

[10] 陈世荣,瞿晚星,徐卡秋.硅烷偶联剂的应用进展 [J].有机硅材料,2003,17（5）：28-31.

[11] 王岩,王晶,卢方正,等.十二烷基硫酸钠临界胶束浓度测定实验的探讨 [J].实验室科学,2012,15（3）：70-72.

[12] 刘新迁,屠晓华,徐欣欣,等.高固含量羧酸盐型/磺酸盐型水性聚氨酯乳液的合成 [J].涂料工业,2013,43（3）：17-20,24.

[13] 贡长生,张龙.绿色化学 [M].武汉：华中科技大学出版社,2008：122-128.

[14] KWAK Y S, KIM E Y, KIM H D, et al. Comparison of the proper-ties of waterborne polyurethane-ureas containing different triblock glycols for water vapor permeable coatings [J]. Colloid and Polymer Science, 2005, 283（8）：880-886.

[15] ATHAWALE V D, NIMBALKAR R V. Emulsifyable air drying urethane alkyds [J]. Progress in Organic Coatings, 2010, 67（1）：66-71.

[16] 吴建一,缪程平,等.2,4-二氯-5-硝基苯基异丙基醚清洁合成工艺研究 [J].化学工程与工艺,2006,22（4）：381-384.

[17] 潘忠稳.恶草酮的合成 [J].安徽化工,2002,28（1）：37-40.

[18] 张亨.聚磷酸铵的改性研究进展 [J].橡塑资源利用,2012（3）：11-15.

[19] 聂颖.聚磷酸铵的生产工艺及改性技术 [J].精细化工原料及中间体,2007（7）：19-22.

[20] 苏梦,陈萍华,等.十二烷基硫酸钠的临界胶束浓度的测定及影响分析 [J].化工时刊,2014,28（3）：1-3,15.

[21] 张友兰.有机精细化学品合成及应用实验 [M].北京：化学工业出版社,2005：96-105,202-204,206-209.

[22] 廖文胜.液体洗涤剂——新原料·新配方 [M].第 2 版.北京：化学工业出版社,2004：1-100.

[23] 杨卫国.衣用液体洗涤剂文献综述及配方技术解说 [J].甘肃化工,2003（3）：6-9.

[24] 邵文竹.液体洗涤剂中表面活性剂的选择及发展趋势 [J].日用化学品科学,2010,33（5）：32-34.

[25] 晋生.表面活性剂在液体洗涤剂中的应用 [J].广州化工,2013,40（16）：251-253.

[26] 王雷,董黎爱,等.环保型液体洗涤剂的制备及性能测定 [J].广州化工,2013,40（14）：21-22.

模块3　精细化工综合实验

3.1　概　　述

3.1.1　精细化学品的定义及特点

（1）精细化学品的定义

精细化学产品，简称精细化学品。传统定义是，凡能增进或赋予一种（类）产品以特定功能，或本身拥有特定功能的小批量、高纯度化学品称为精细化学品。近年来各国对精细化学品的定义有了一些新的见解。欧美一些国家把产量小、按不同化学结构进行生产和销售的化学物质，称为精细化学品（fine chemicals）；把产量小、经过加工配制、具有专门功能或最终使用性能的产品，称为专用化学品（specialty chemicals）。中国、日本等则把这两类产品统称为精细化学品。

（2）精细化学品的主要特点

精细化工的研究和应用领域十分广阔，精细化学品通常具有如下主要特点：

① 小批量、多品种，大量采用复配技术。

② 技术密集度高。

③ 投资效率高。

④ 附加价值高。

⑤ 采用间歇式多功能生产装置。

⑥ 独家经营、技术保密。

⑦ 重视市场调研，适应市场要求。

⑧ 配有应用技术和技术服务。

3.1.2 精细化学品的分类

世界范围精细化学品的代表主要是欧美及日本等发达国家。日本《精细化学品年鉴》描述：精细化学品包括医药、兽药、农药、染料、涂料、有机颜料、油墨、催化剂、试剂、香料、黏合剂、表面活性剂、合成洗涤剂、化妆品、感光材料、橡胶助剂、增塑剂、稳定剂、塑料添加剂、石油添加剂、饲料添加剂、高分子凝聚剂、工业杀菌防霉剂、芳香消臭剂、纸浆及纸化学品、汽车化学品、脂肪酸及其衍生物、稀土金属化合物、电子材料、精密陶瓷、功能树脂、生命体化学品和化学促进生命物质等三十五个行业。

由于广泛使用的是大量的具有特殊功能的专用化学品而非精细化学品，因而欧美国家更多使用专用化学品一词而很少使用精细化学品一词。

我国精细化学产品主要根据所辖领域及功能分类。仅隶属于原化工部的精细化工产品包括 11 个产品类别：①农药；②染料；③涂料（包括油漆和油墨）；④颜料；⑤试剂和高纯物质；⑥信息用化学品（包括感光材料、磁性材料等能接受电磁波的化学品）；⑦食品和饲料添加剂；⑧黏合剂；⑨催化剂和各种助剂；⑩（化工系统生产的）化学药品（原料药）和日用化学品；⑪高分子聚合物中的功能高分子材料（包括功能膜、偏光材料等）。

其中催化剂和各种助剂又包括以下品种：催化剂；印染助剂；塑料助剂；橡胶助剂；水处理剂；纤维抽丝用油剂；有机抽提剂；高分子聚合添加剂；表面活性剂；皮革助剂；农药用助剂；油田用化学品；混凝土添加剂；机械、冶金用助剂；油品添加剂；炭黑；吸附剂；电子工业专用化学品；纸张用添加剂；其他助剂。上述每个品种又有不同系列。

除此之外，轻工、医药等行业还生产一些其他精细化学品，如医药、民用洗涤剂、化妆品、单离和调和香料、精细陶瓷、生命科学用材料、炸药和军用化学品、范围更广的电子工业用化学品和功能高分子材料等。今后随着科学技术的发展，还将会形成一些新兴的精细化学品门类。

3.1.3 精细化学品工程及新世纪发展的显著特征

（1）精细化学品工程（精细化工技术）

精细化学品工程，指的是由核心精细化学品的结构设计并合成，经过剂型加工，再赋予商品化的过程。因此，精细化学品生产过程与一般化工生产不同，它不仅包括化学合成（或从天然物质中分离、提取），而且还包括剂型加工和商品化。具体实施过程涉及产品结构方案、工艺方案、质量控制方案、设备方案、生产技术等。针对精细化学品的生产，目前开发中的技术有：

① 间歇生产过程调度。主要目的是提高产率，降低劳动强度。

② 间歇过程优化。目的是提高产品收率和质量，降低批次间的质量差异。

③ 制备过程强化。利用超声、微波等外场强化混合与传热，目的是提高产率和产品品质。

④ 微型反应器。目的是实现连续、安全生产，同时强化传递。

⑤ 绿色助剂（生物表面活性剂）和溶剂（如水、超临界 CO_2）。目的是降低生产成本，消除污染。

⑥ 使用非均相催化剂或是催化剂固定化。

对精细化学品设计，研究的主要内容为产品结构与性能关系，以及产品微介观多尺度结构调控。研究的目的是摆脱产品过程设计中的经验性，缩短产品开发周期，提高产品设计效率。

（2）国内外精细化工发展的显著特征

世界经济发达的国家无一不是精细化工发达的国家，精细化率成为一个国家发达水平的量度。进入 21 世纪，世界精细化工发展的显著特征为产业集群化，工艺清洁化、节能化，产品多样化、专用化、高性能化。与世界发达国家相比，我国精细化工尚存在许多问题，如精细化率低，技术水平和开发能力不高，创制品种少，生产分散，规模不尽合理，装置效益低，产品系列化不够，应变能力小，科技投入不够，应用研究和市场营销比较薄弱，原料和中间体少，配套性差，部分企业三废污染问题还相当严重，等。

（3）本节主要内容

本节主要以油品添加剂、日化助剂、农药乳化剂、颜料超分散剂等助剂为代表，进行精细化学产品工程训练。每个大项目以小试方案为基础，扩展至中试工艺设计。项目的小试部分不同程度地包括产品方案设计、合成、结构表征、性能测定等；中试部分以工艺设计为主，包括工艺流程设计、物料衡算、能量衡算、流程图的绘制等，兼顾典型非标设备设计。本节重点围绕编者的工作积累与本学科新近研究成果展开，从方案到实验、从工艺到设备，形成一套较为完整的产品工程初步训练体系。目的在于培养学生的精细化学产品工程理念，提高学生实验方案设计与工程设计的能力。

3.2 综合实验部分

项目1 极压抗磨剂——月桂基咪唑啉硼酸酯产品工程

烷基咪唑啉硼酸酯是一类含有叔胺基团的阳离子表面活性剂。这类产品无刺激性气

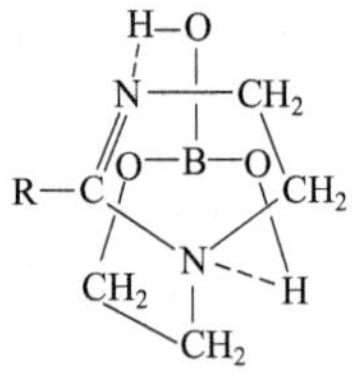

图 3-1 烷基咪唑啉
硼酸酯的结构式

味，具有良好的抗烧结、抗磨损、防锈、抗氧化、抗擦伤性能，是一类多功能的润滑油添加剂，可在金属切削油、抗磨液压油，尤其是在汽车齿轮油和工业齿轮油中有广泛应用。其结构通式如图 3-1 所示。其中 R 为 $C_{11}H_{23}$、$C_{13}H_{27}$、$C_{15}H_{31}$、$C_{17}H_{35}$ 或 $C_{17}H_{33}$ 等。

本项目以月桂基咪唑啉硼酸酯［R 为 $C_{11}H_{23}$，又称硼酸-(2-月桂基咪唑啉-1)-乙酯，或 N-月桂基咪唑啉硼酸酯］为例进行化工专业综合实验技能训练，分三部分内容。第一，查阅文献，设计研究方案（包括合成、结构表征、表面性质测定、应用性能测定、中试工艺方案等），撰写文献综述及研究方案报告；第二，进入实验室完成实验内容，如合成、表征、性能测试等，撰写实验报告；第三，结合实验过程与实验结果及适当产量进行中试工艺设计，进行物料衡算与热量衡算，绘制中试生产工艺流程图及主设备图，撰写工艺设计说明书。总计学时大约需要 120 学时，其中课上与课后学时比约为 1:1。学时分配见表 3-1。

表 3-1 学时分配表

序号	实验名称	课内学时	地点或方式	课外学时
实验1	月桂基咪唑啉硼酸酯产品工程的方案设计	12	教室、图书馆或利用网络资源	14
实验2	月桂基咪唑啉硼酸酯的合成	20	专业实验室	8
实验3	月桂基咪唑啉硼酸酯的结构表征	4	分析实验室	4
实验4	月桂基咪唑啉硼酸酯的润湿性能测定	4	专业实验室	4
实验5	月桂基咪唑啉硼酸酯的减摩抗磨性能测定	4	专业实验室	4
实验6	月桂基咪唑啉硼酸酯的中试工艺设计	16	CAD室	26
学时小计		60		60
学时总计			120	

实验1 月桂基咪唑啉硼酸酯产品工程的方案设计

实验目的

① 训练与培养设计精细有机合成实验方案的能力；

② 掌握除水与减压蒸馏的分离技术；

③ 掌握红外光谱与核磁共振波谱表征的原理与操作技能；

④ 了解和掌握非水体系润湿性能与减摩抗磨性能的测定原理及操作技能；

⑤ 训练根据小试实验结果设计中试生产工艺及设备的基本能力。

实验原理

月桂基咪唑啉硼酸酯的合成分三步进行：首先，月桂酸与β-羟乙基乙二胺在二甲苯中回流加热脱去一分子水，生成月桂基仲酰胺；其次，月桂基仲酰胺继续高温脱去一分子水生成N-月桂基咪唑啉；最后，N-月桂基咪唑啉与硼酸反应脱水得到N-月桂基咪唑啉硼酸酯。合成路线详见图3-2，其中R为$C_{11}H_{23}$。

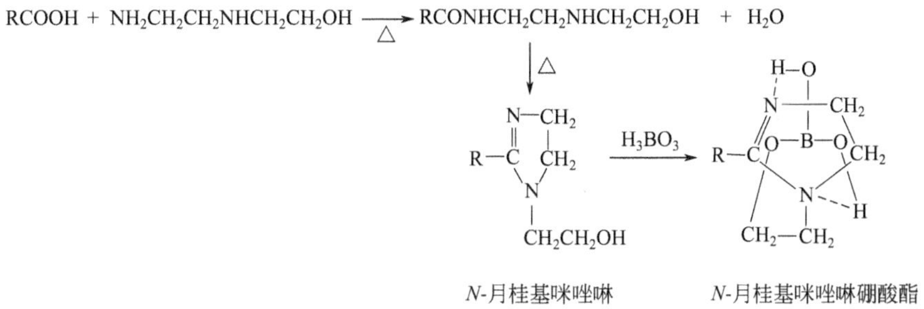
RCOOH + NH₂CH₂CH₂NHCH₂CH₂OH
△
RCONHCH₂CH₂NHCH₂CH₂OH + H₂O
△
H₃BO₃
N-月桂基咪唑啉
N-月桂基咪唑啉硼酸酯

图3-2 月桂基咪唑啉硼酸酯的合成路线

方案的设计与要求

（1）合成方案的设计要求

① 月桂基咪唑啉的合成实验条件与要求：

原料配比：$n_{月桂酸}:n_{β\text{-}羟乙基乙二胺}=1:1.2$；

溶剂：二甲苯；

反应温度与时间控制：140～165℃回流保持7h；

分离方式：同时除水；

注意事项：结束时升温至180～190℃减压去除过剩的β-羟乙基乙二胺、溶剂及残留水。

设计内容与要求：

a. 设计实验装置并画出装置图；

b. 设计实验操作步骤，绘制操作流程示意图；

c. 提出实验所需的仪器与试剂。

② 月桂基咪唑啉硼酸酯的合成实验条件与要求：

原料配比：$n_{硼酸}:n_{月桂基咪唑啉}=1:1.4$；

溶剂：二甲苯；

温度：约140℃回流；

时间：6h；

注意事项：二甲苯共沸除水；

其他：结束时减压除去残余水及溶剂。

设计内容：

a. 设计实验装置并画出装置图；

b. 结合实验流程设计实验操作步骤；

c. 提出实验所需的仪器与试剂。

（2）表征方案

① IR 表征。月桂基咪唑啉中间体与其硼酸酯均可由红外光谱表征。

② NMR 表征。月桂基咪唑啉中间体与其硼酸酯均可由^{1}H NMR 表征。

表征内容与要求：

a. 讨论产物的纯度检测方法；

b. 根据产物与原料之间的官能团变化，通过红外光谱与核磁共振波谱表征结构；

c. 设计 IR 或^{1}H NMR 测定样品时的实验步骤；

d. 提出实验所需的仪器与试剂。

合成与表征方案示意图如图 3-3 所示。

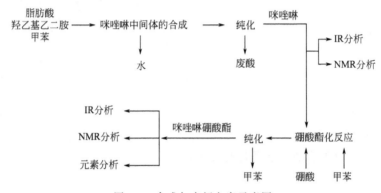

图 3-3　合成与表征方案示意图

（3）表面润湿性能分析

润湿性能是表面活性剂的重要应用性能之一。测定方法有接触角测定法、沙袋沉降法、帆布沉降法等。

分析内容与要求：

① 查阅资料，讨论润湿性能的测定方法，选择一种适合于非水溶液测定润湿性能的方法。简单描述测定原理，画出装置或原理示意图。

② 分别以乙醇和甲苯为溶剂，将所合成的 N-月桂基咪唑啉硼酸酯产品配制成 1％的溶液。测定其接触角，设计实验步骤。

③ 提出实验所需的仪器与试剂。

（4）减摩抗磨性能测定

月桂基咪唑啉硼酸酯在润滑油中对浸润其中的金属钢球在负载下具有减少摩擦和降低磨损等作用。采用四球试验机，测试其在基础油中的减摩抗磨性能。

设计内容与要求：

① 查阅资料，讨论减摩抗磨性能的测定方法。以摩擦磨损试验机测定润滑油品中添加剂的减摩抗磨性能。简单描述测定原理。

② 将所合成的月桂基咪唑啉硼酸酯产品设计一定比例添加到一定型号的基础油中。测定摩擦系数和钢痕直径，设计实验步骤。

③ 提出实验所需的仪器与试剂。

（5）中试车间工艺设计方案

① 设计出 N-肉豆蔻酰基谷氨酸钠的生产工艺流程图；

② 设计出物料衡算思路；

③ 设计出热量衡算思路；

④ 选择主要设备之一进行工艺设计；

⑤ 撰写工艺设计说明书。

（6）可行性报告（有条件的可以进行简单答辩）

内容要求：

① 合成原理及方程式；

② 合成实验步骤及装置图；

③ 表征原理及结果判断；

④ 表面性能及测定方法；

⑤ 工艺设计思路；

⑥ 进度安排；

⑦ 主要参考文献。

实验 2　月桂基咪唑啉硼酸酯的合成

实验目的

① 训练与培养设计基本有机合成实验方案的能力；

② 掌握减压蒸馏分离技术；

③ 掌握溶剂回流脱除水的原理与操作技能。

实验原理

月桂基咪唑啉硼酸酯的合成分三步进行。化学反应方程式如下，其中 R 为 $C_{11}H_{23}$。

$$RCOOH+NH_2CH_2CH_2NHCH_2CH_2OH \longrightarrow RCONHCH_2CH_2NHCH_2CH_2OH+H_2O \quad (3\text{-}1)$$

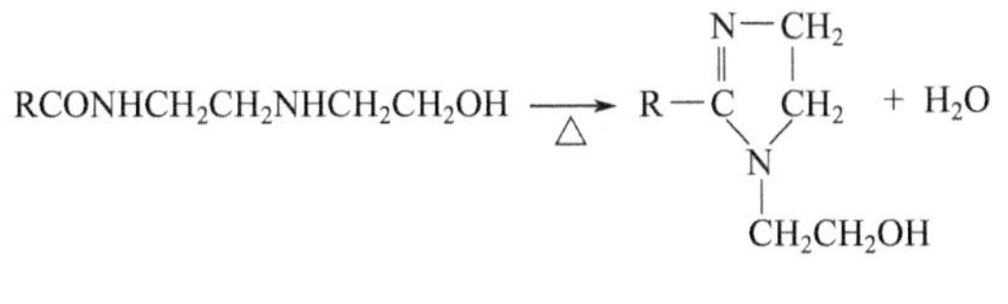

$$(3\text{-}2)$$

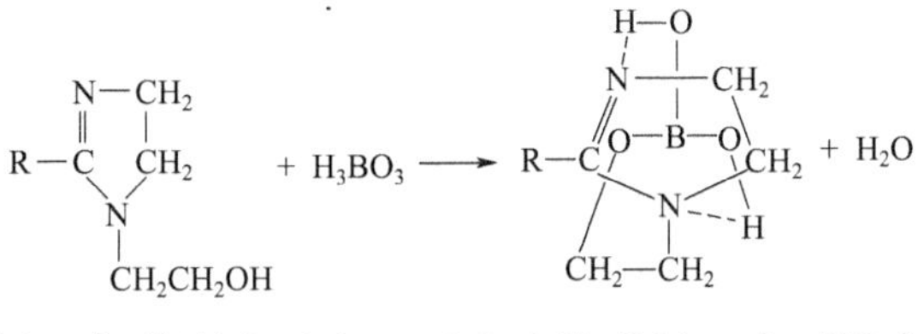

$$(3\text{-}3)$$

第一步和第二步都属于加热脱水反应。可以连续进行，也可以直接在较高温度下一步反应。第一步产物除仲酰胺之外，还有部分叔酰胺产生。这两种酰胺在高温时都会转化为烷基咪唑啉。当酸过量时容易产生二酰胺副产物，因此，常使 β-羟乙基乙二胺过量。反应同时除水可以加快反应进程。第三步反应，硼酸与咪唑啉的反应产物因投料比例不同而不同：摩尔比为 1∶（1～1.5）时，单酯为主，含少量二咪唑啉硼酸酯；摩尔比为 1∶3 时，高温下反应，产物中三咪唑啉硼酸酯为主，同时含有部分单酯和双酯，伴有部分硼酸高温脱水的副产物。

本实验分两步进行。第一步采用 β-羟乙基乙二胺适当过量，直接在高温（约 165℃）下脱水，二甲苯作带水剂，反应结束前减压蒸除多余羟乙基乙二胺原料。第二步，硼酸与咪唑啉按照低摩尔比投料，在 130～140℃ 温度下反应，二甲苯作带水剂，取得单酯为主产品。

仪器和药品

仪器：增力电动搅拌器、加热套、分水器、球形冷凝管、温度计（200℃）、锚式搅拌桨、循环水泵、直形冷凝管、减压蒸馏装置、三口烧瓶（250mL）、圆底烧瓶（100mL）。

药品：月桂酸（200.0g/mol，0.10mol）、β-羟乙基乙二胺（104.15g/mol，0.13mol）、硼酸（61.83g/mol，0.07mol）、二甲苯（200mL）、蒸馏水。

实验步骤

（1）中间体月桂基咪唑啉的合成

在装有增力电动搅拌器、温度计、分水器和球形冷凝管的三口烧瓶中，投入摩尔比为 1∶1.3 的月桂酸（20.00g，0.10mol）和 β-羟乙基乙二胺（13.54g，0.13mol），加入 50mL 二甲苯（分水器内另外加入 30mL 左右二甲苯以保持液体回流），搅拌下缓慢加热至 60℃ 至溶解完全。开通循环冷却水。升温至 165℃ 下保持 7h，同时保持分水器内液体回流。待酸转化基本完全后，换接直形冷凝管和减压蒸馏装置。继续升温至 180～190℃，开通循环水泵，减压真空蒸出过量的 β-羟乙基乙二胺、水及溶剂。冷却，得到月桂基咪唑啉中间体（棕色固体）。

（2）月桂基咪唑啉硼酸酯的合成

按照硼酸与月桂基咪唑啉摩尔比 1∶1.4 称取硼酸（4.33g，0.07mol）加入步骤（1）的三口烧瓶中，安装好温度计、电动搅拌器、分水器和球形冷凝管。加入 50mL 二甲苯，分水器内另外加入 30mL 左右二甲苯以保持液体回流，缓慢升温、搅拌均匀后，升温至约 140℃ 回流，保持 6h。换接直形冷凝管和减压蒸馏装置。减压除去残余溶剂和水。冷却，得到深红棕色黏稠固体。

实验数据记录

实验数据记入表 3-2。

室温：

表 3-2　月桂基咪唑啉硼酸酯合成实验数据记录

物质名称	月桂酸	β-羟乙基乙二胺	硼酸	N-月桂基咪唑啉硼酸酯产品
物料量 m/g				

实验数据处理

① 计算理论产量。

② 根据最终产物量与理论产量之比计算月桂基咪唑啉硼酸酯的产率。

思考题

① 根据结果讨论影响产率的主要因素有哪些。

② 实验中副反应是如何控制的？

③ 两步合成实验中均使用了二甲苯溶剂。在第一步实验结束后，可否不蒸馏，直接加入硼酸进行第二步反应？为什么？

④ 在现有的硼酸与月桂基咪唑啉摩尔比 1∶1.4 时，反应得到的硼酸酯产物可能有哪几种成分？主要成分是什么？

实验 3 月桂基咪唑啉硼酸酯的结构表征

实验目的

① 学习和掌握红外光谱法与核磁共振波谱法在有机化合物结构鉴别中的作用。

② 训练和掌握红外光谱制样技术。

③ 培养对 IR 与 NMR 谱图的解析能力。

表征原理

（1）IR 表征原理

在中间体月桂基咪唑啉的红外光谱中，咪唑啉环在 1600cm^{-1} 左右出现强吸收（C=N），同时 1640cm^{-1} 和 1560cm^{-1} 两处的酰胺键吸收峰消失。在 3000～2700cm^{-1}、1460cm^{-1} 和 720cm^{-1} 附近出现长链的特征吸收。在 3300～3000cm^{-1} 和 1050cm^{-1} 附近出现一元伯醇的两个特征吸收。当与硼酸酯化后，一元伯醇的特征吸收峰会变得矮、钝。而在 1400～1460cm^{-1} 出现精细结构（B—O—C 键）。

（2）^{13}C NMR 表征原理

在 ^{13}C NMR 中，对月桂基咪唑啉来说，在 59.5、52、50.2、49.5 等位移处分别为咪唑啉环上的两组亚甲基 C 与羟乙基上的两组亚甲基 C 的吸收；35.0～13.0 为月桂基长链上的 C 的吸收。当与硼酸酯化后，52、50.2、49.5 等位移处吸收会近乎重叠。

仪器和药品

仪器：电热烘箱、压片机、玛瑙研钵、红外干燥箱、FT-IR 红外光谱仪、核磁共振仪、核磁样品管、酒精棉。

药品：溴化钾（10g）、试样（0.5g）、氘代丙酮。

实验步骤

（1）IR 的测定

① 样品准备：分别将装有 KBr 和样品的干净的表面皿置于电热烘箱内，分别在 120℃和 80℃下干燥 24h，备用。

② 压片模具准备：用酒精棉擦洗模具和玛瑙研钵，放在红外干燥箱内干燥。

③ 压片与背景扫描：取适量 KBr 于玛瑙研钵中，充分研磨至细度大约 2μm 以下的粉末，然后用药匙将 KBr 置于压片模具的样品槽内，盖上模具盖子，将模具放在压片机内。关闭油阀。加压至 20MPa。停留 30s 后，迅速取出模具中的样品薄片置于光谱测定载样

器上，安装好后扫描吸收曲线并作为背景吸收。

④ 按照 KBr 和样品大约 100：2 的比例，将样品装入已经研细 KBr 的玛瑙研钵中，重复步骤③的过程，扫描得到的吸收曲线即为扣除背景后的样品的红外吸收光谱。

(2) ^{13}C NMR 的测定

将少量样品装入样品管中，用氘代丙酮试剂溶解均匀，必要时可微热或超声波处理。将样品管放在样品架上。启动检测，扫描记录谱图。

实验数据记录

(1) 图谱表征

记录所合成的月桂基咪唑啉硼酸酯产品的 IR 光谱。或拷贝数据后，另外采用 origin6.0 软件绘制 IR 光谱图。

(2) ^{13}C NMR 的表征

记录所合成的月桂基咪唑啉硼酸酯产品的^{13}C NMR 谱图。或拷贝数据后，另外采用软件绘制 NMR 谱图。

实验数据处理及要求

(1) IR 图谱分析结果（表 3-3）

表 3-3　月桂基咪唑啉硼酸酯试样的 IR 图谱分析结果

波数/cm^{-1}	吸收强度	振动形式	官能团

根据 IR 表征结果与月桂基咪唑啉硼酸酯的结构特征进行比较，并给出表征结论。

(2) ^{13}C NMR 谱图分析结果（表 3-4）

表 3-4　试样的^{13}C NMR 谱图分析结果

化学位移	积分强度	裂分峰数	归属

给出表征结论。

思考题

① 在 IR 制样中，应注意哪些因素？

② 溴化钾作为红外压片载体时的波长使用范围是多少？

③ N-月桂基咪唑啉硼酸酯测定红外光谱时能否采用其他制样技术？

④ 采用^{13}C NMR 谱时能否使用积分面积定量？

⑤ 测定^{13}C NMR 谱时选用何种溶剂？该溶剂的化学位移是多少？

⑥ 可否使用^{1}H NMR 谱表征结构？

实验4　月桂基咪唑啉硼酸酯的润湿性能测定

实验目的

了解和掌握表面活性剂润湿性能的测定原理与操作方法。

实验原理

润湿一般指固体表面上的流体被液体取代的过程。润湿过程一般分为三类：沾湿、浸湿和铺展。沾湿是指固体与液体表面接触，使原来的气-液和固-气界面变为固-液界面的过程。浸湿是指固体进入液体内部的过程。铺展是指液体与固体表面接触时能够将表面上的气体取代并在固体表面上展开的过程。不论哪种润湿，均属于界面现象，其过程的实质都是界面性质及界面能量的变化。

实际应用中通常采用接触角来表征润湿的程度。将液体滴在固体表面，液体可能发生铺展而覆盖固体表面，或者以液滴的形式存在于固体表面上，如图3-4所示。

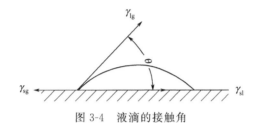

图3-4　液滴的接触角

在固、液、气三相界面处自固-液界面经过液体内部到气-液界面的夹角叫作接触角，以 θ 表示。当达到平衡时，平衡接触角与固-气界面张力 γ_{sg}、固-液界面张力 γ_{sl}、液-气界面张力 γ_{lg} 之间符合下面的润湿方程。

$$\gamma_{sl} - \gamma_{sg} = \gamma_{lg}\cos\theta$$

并规定 $\theta = 90°$ 作为润湿与否的界限：$\theta < 90°$ 为可以润湿，或者说润湿可以自动发生，θ 角越小润湿性越好；$\theta = 0$ 或不存在，则为铺展；$\theta > 90°$ 为不可以润湿。

一般来说，表面能高的固体比表面能低的固体更易于被液体所润湿。固体能够被表面能与之相比较低的液体所润湿。具有高能表面的固体通常具有较大的硬度和较高的熔点（如金属及其氧化物、无机盐、金刚石、玻璃等），其表面自由能（即表面张力）在 $0.5 \sim 5.0 J/m^2$，而一般液体的表面张力低于 $0.1 J/m^2$，所以大多数液体都能在高能表面上铺展。对于高分子材料、有机固体等，表面能很低，有些液体（如水等）不能在低能表面上铺展。只有表面张力数值低于低能固体的临界润湿表面张力 γ_c 的液体才能在该固体表面上自动铺展。对于不能润湿的液体，当加入表面活性剂后，该液体的表面张力会明显降低，就有可能在低能表面上得以润湿或铺展。

本实验采用接触角法测定样品的润湿性能。样品在水中溶解性差，故采用非水体系测定。

仪器和药品

仪器：K100表面张力仪（接触角测定模块）、容量瓶（100mL）2只、烧杯（150mL）2只、电子天平、恒温水浴槽、酒精喷灯、火柴、棉手套、电吹风。

药品：甲苯、乙醇、月桂基咪唑啉硼酸酯产品。

实验步骤

（1）样品溶液的配制

① 1%桂基咪唑啉硼酸酯乙醇溶液的配制：电子天平准确称取 1g 月桂基咪唑啉硼酸酯产品于干燥烧杯中，用无水乙醇溶解，转移至 100mL 容量瓶中，乙醇稀释定容，摇匀备用。

② 1%月桂基咪唑啉硼酸酯甲苯溶液的配制：准确称取 1g 月桂基咪唑啉硼酸酯产品于干燥烧杯中，用甲苯溶解，转移至 100mL 容量瓶中，甲苯稀释定容，摇匀备用。

（2）接触角的测定步骤

① 仪器预热：打开电源开关，调制程序到接触角测量模块。

② 烧板与安装：点燃酒精喷灯，待出现蓝色火焰时，戴手套将威尔逊铂金板水平置于火焰中迅速烧至亮红色，冷却，将铂金板固定在仪器指定位置上。

③ 仪器校正：在洗净干燥的测量杯内装入 45～50mL 无水乙醇，擦干外壁，将测量杯置于仪器的恒温槽内。转动鼠标使吊挂的铂金板缓慢下落至液面上方约 5mm 处（注意：一定不能使铂金板偏离液面太远，更不能进入液面或润湿），以悬挂液面倒影进行观察。关闭好测量室门。

以板法测量，调整参数，气相不设置；液相以乙醇为样品，设置编号 0；其他参数设置默认；对样品进行编号 0。启动测量按钮，当听到第一声嘟后，仪器测量开始；当听到第二声嘟后，测量结束（大约 3～5min）。点击结果，读取测定结果，记录前进角和后退角与相关参数。

仪器校正以室温下读取前进角和后退角测量值均为 0 为宜。否则，需要重新刷杯、装液、烧板和测量。

④ 样品测定：重新洗杯、装样品乙醇溶液、烧板、安装后，设置测量参数。因为仪器已经校正，此时查找液相仪器给定的溶剂为标准（点击液相→溶剂→编号 X——乙醇→确认）。对样品进行编号 1，启动测量按钮。当听到第一声嘟后，仪器测量开始；当听到第二声嘟后，测量结束（大约 3～5min）。点击结果，读取测量结果，记录前进角和后退角与相关参数。平行测量 2 次。

更换样品甲苯溶液测定时，需要重复步骤④，只是将其中的乙醇用甲苯替换即可。

实验数据记录

实验数据记入表 3-5。

仪器测量条件：　　　　　仪器型号：　　　　　温度：

表 3-5　月桂基咪唑啉硼酸酯（LMB）接触角测定的数据记录

样品	前进角/(°)	后退角/(°)	平均值(以前进角计)
乙醇			
1% LMB-乙醇溶液 1			
1% LMB-乙醇溶液 1			
甲苯			
1% LMB 甲苯溶液 1			
1% LMB 甲苯溶液 1			

实验数据处理

① 将月桂基咪唑啉硼酸酯几种溶液对板的润湿效果进行比较，指出润湿力的强弱。

② 根据实验结果判断月桂基咪唑啉硼酸酯的甲苯溶液对板的润湿类型。

思考题

① 润湿力测定有哪几种方法？除接触角外，是否可以采用其他方法？

② 实验时为何不使用水而使用乙醇和甲苯配制样品？

③ 实验接触角测定时使用的固体材料是什么？属于低能固体还是高能固体？

④ 实验结果的前进角和后退角是否一致？如果不一致，选择哪一个表示结果较为合理？为什么？

实验 5　月桂基咪唑啉硼酸酯的减摩抗磨性能测定

实验目的

① 了解表面活性剂在油品中的减摩抗磨性能测定原理。

② 了解四球摩擦磨损试验机测试减摩抗磨性能的操作方法。

实验原理

四球机的四个钢球形成一个等边四面体，上球 A 在高速旋转。下面三个球用油盒固定在一起，通过液压系统由下而上对钢球施加负荷。在试验过程中四个钢球的接触点都浸没在润滑剂中。A 球对着下面三个球，在三个接触点的作用力可由等边四面体来分析。B、C、D 球作用在 A 球上的三个压力相同，即 $N_1 = N_2 = N_3$。假设上面 A 球受到的垂直方向上的合力为 P，则在高速旋转时与下边三个球的摩擦力相同，$P_1 = P_2 = P_3 = \mu N_1$。所以只要测出自动拉力记录仪上的读数 P_1 和载荷 P 就可以求得摩擦系数 μ。

摩擦系数的测定公式如下：

$$\mu = \frac{2\sqrt{2}M}{Pd} \tag{3-4}$$

式中，$M = 0.5M_{\mu A}$，$M_{\mu A}$ 为记录值，摩擦力矩，$kg \cdot cm$；P 为载荷，kg；d 为钢球直径，mm；μ 为摩擦系数。只要测定出一定载荷 P 下、一定直径 d 的钢球在油品中的摩擦力矩 $M_{\mu A}$，即可求出该条件下的摩擦系数 μ。

润滑剂承载能力的测定：上球 A 在 $1720r/min$ 下旋转。每次试验时间为 $10s$，试验后测量油盒内每个钢球纵横两个方向的磨痕直径，求出下面三球 6 个磨痕直径的平均值。按规定的程序反复试验，直到求出代表润滑剂承载能力的评定指标。

测润滑剂抗磨性能时，上球转速 $1200r/min$，运转时间 $30min$。试验后测量油盒内每个钢球纵横两个方向的磨痕直径，求出 6 个磨痕直径的平均值。

仪器和药品

仪器：MPX-200 型盘销式摩擦磨损试验机、钢球（$d = 12.7mm$）、烧杯（150mL，3只）、容量瓶（250mL，3 只）。

药品：32[#] 基础油、添加剂（月桂基咪唑啉硼酸酯）。

实验步骤

称取一定量的月桂基咪唑啉硼酸酯，在 32[#] 基础油中分别配制成 0、0.7%、1% 油样，载荷为 40kg 时，在 MPX-200 型摩擦磨损试验机上，分别测定 10min 和 30min 时钢球的摩擦系数与钢球磨斑直径，以此方法考察基础油与添加剂的减摩抗磨性能。

实验数据记录

测试数据记入表 3-6。

表 3-6 添加剂的减摩、抗磨性能实验数据（载荷 P：40kg）

样品浓度/%	10min		30min	
	$M_{\mu A}/kg \cdot cm$	磨痕 d/mm	$M_{\mu A}/kg \cdot cm$	磨痕 d/mm
0				
0.7				
1.0				

实验数据处理

① 计算摩擦系数，比较月桂基咪唑啉硼酸酯与基础油的减摩性能优劣。

② 计算磨痕直径大小，比较月桂基咪唑啉硼酸酯与基础油的抗磨损性能优劣。

思考题

① 摩擦系数测定一般使用什么方法？

② 把 N-月桂基咪唑啉硼酸酯添加在不同基础油中，相同实验条件下测得的摩擦系数会一样吗？为什么？

③ 对一定的摩擦系数测定仪器，钢球直径为什么要固定？增大或缩小钢球直径对摩擦系数有什么影响？

实验 6 月桂基咪唑啉硼酸酯的中试工艺设计

设计题目

60t/a N-月桂基咪唑啉硼酸酯的中试车间工艺设计。

设计时间

一周时间。

设计原始数据

以小试实验工艺条件为依据，设计一个年产 60t 的月桂基咪唑啉硼酸酯的中试车间——工艺设计。

设计内容与设计说明书

（1）设计内容与要求

① 要求学生查阅资料，整理实验工艺，设计中试工艺技术流程；

② 结合产量，按照有关设计规定进行物料衡算和能量衡算；

③ 根据国家标准绘制月桂基咪唑啉硼酸酯的生产工艺流程图（PFD）；

④ 根据工艺路线和反应特征，选取合适的反应器和传质分离设备，提出过程控制方案；

⑤ 选择一个非标设备（反应器、精馏塔或储罐）进行工艺设计；

⑥ 编制工艺设计说明书。

（2）工艺设计说明书

① 对月桂基咪唑啉硼酸酯撰写简要的文献综述；

② 进行工艺路线选择、设计工艺流程以及流程简述；

③ 物料衡算；

④ 热量衡算；

⑤ 设备工艺计算；

⑥ 绘制工艺流程图（PFD）；

⑦ 非标设备设计过程。

（3）其他要求

① 鼓励使用现代设计软件，Aspen Plus、Pro Ⅱ、ChemCAD、ChemDraw Ultra 均可。

② 两个人一组，积极、主动、协同完成作品。

工作计划

工作计划见表3-7。

表 3-7　一周工作计划

时间顺序	工作内容	备注
第一天	解读设计任务、查阅数据及实验结果、建立流程、用 CAD 绘制 PFD 图	
第二天	进行物料衡算	可以使用软件
第三天	进行热量衡算	可以使用软件
第四天	典型非标设备工艺设计	
第五天	撰写工艺设计说明书	

考核与评分办法

（1）考核方式

依据说明书文档的规范性和图纸的质量来评定成绩。

（2）评分办法

制定评分标准。从下列几个方面综合评价：

① 工艺流程的完整性与正确性：要求与小试工艺相符合；

② 计算数据的科学性：要求符合化工设计要求；

③ 设备选型与小试性能的匹配程度；

④ 设计图纸（PFD 图）的内容完整性与绘图表达的正确性；

⑤ 设计说明书格式规范性、内容完整性；

⑥ 现代设计方法及工具应用。

参考文献

[1]　谢亚杰，王万兴．硼氮型极压抗磨剂的研究（一）[J]．日用化学工业，1995，4：10-13，28.

[2]　王伟，高丽新，谢亚杰，等．有机硼系咪唑啉的合成与其非水体系表面性能研究 [J]．精细化工，1998，15（1）：9-12.

[3] 谢亚杰，宋伟明，王则臻. 蓖麻油酸咪唑啉硼酸酯的合成与摩擦学性能研究 [J]. 齐齐哈尔大学学报，2002，18 (1)：4-6.

[4] 北原文雄. 表面活性剂分析与试验法 [M]. 北京：轻工业出版社，1987：156.

[5] SH/T 0762—2005. 润滑油摩擦系数测定法（四球法）[S].

[6] 王祥荣. 纺织印染助剂生产与应用 [M]. 南京：江苏科学技术出版社，2004：186-189.

[7] 谢亚杰，王万兴. 硼氮型极压抗磨剂的应用 [J]. 齐齐哈尔轻工学院学报，1995，11 (4)：67-71.

[8] 熊杰明，杨索和. Aspen Plus 实例教程 [M]. 北京：化学工业出版社，2013.

[9] 蔡纪宁，赵惠清. 化工制图 [M]. 第 2 版. 北京：化学工业出版社，2008.

[10] 李功样 等. 常用化工单元设备设计 [M]. 广州：华南理工大学出版社，2006.

[11] 孙兰义. 化工流程模拟实训——Aspen Plus 教程 [M]. 北京：化学工业出版社，2012.

[12] 傅承碧，等. 流程模拟软件 ChemCAD 在化工中的应用 [M]. 北京：中国石化出版社，2013.

[13] 中国石化集团上海工程有限公司. 化工工艺设计手册（上、下册）[M]. 北京：化学工业出版社，2009.

[14] 马丹. 实用核磁共振波谱学 [M]. 蒋大智，等译. 北京：科学出版社，1987.

[15] 姚蒙正. 精细化工产品合成原理 [M]. 第 2 版. 北京：中国石化出版社，2000.

[16] 沈一丁. 精细化工导论 [M]. 北京：中国轻工业出版社，2006.

[17] 2002 年版ファインケミカル年鑑 Yearbook of Fine Chemical 2002 [M]. 东京：株式会社シーエムシー (CMC)，2001.

[18] 程侣伯. 精细化工产品的合成及应用 [M]. 第 5 版. 大连：大连理工大学出版社，2014.

[19] 丁志平. 精细化工概论 [M]. 第 3 版. 北京：化学工业出版社，2015.

项目 2 香波用发泡剂——肉豆蔻酰基谷氨酸钠产品工程

脂肪酰基谷氨酸盐，是一类温和型的类蛋白质型表面活性剂。这类产品除具有一般表面活性剂的润湿、乳化、洗涤、分散等性能外，更重要的是具有低毒性、低刺激性、柔软性、缓蚀性、亲肤性和生物易降解性等优异性能，在国外已被广泛用于护肤品、洗面奶、沐浴露、洗发香波、面膜、护发素、牙膏等亲肤型日用化学品配方。此外，作为添加剂，也被应用于食品、农药、燃料、金属加工、矿物浮选、二次采油、丝绸染整、皮革处理、金属防锈缓蚀、抗静电、润滑剂、纤维清洗等配方中。该类产品可以由多种方法合成得到。例如，脂肪酸酐与氨基酸盐反应工艺、脂肪酰氯与氨基酸酯反应工艺、脂肪腈水解酰化反应工艺、酰胺羧基化反应工艺、脂肪酰氯与氨基酸（盐）直接缩合工艺以及脂肪酸与氨基酸反应工艺等。目前，工业化产品多以天然脂肪酸和氨基酸为原料合成并中和得到。产品通式见图 3-5。

$$RCONHCHCH_2CH_2COOM^2$$
$$|$$
$$COOM^1$$

图 3-5 脂肪酰基谷氨酸盐的通式

R：$C_{11}H_{23}$、$C_{13}H_{27}$、$C_{15}H_{31}$、$C_{17}H_{35}$ 或 $C_{17}H_{33}$；M：K、Na、$N(CH_2CH_2OH)_3$ 或 H。

M^1 与 M^2 可相同亦可不同

当 R 为 $C_{13}H_{27}$、M^1 为 H、M^2 为 Na 时，相应的产品为 N-十四酰基谷氨酸钠，又称 N-肉豆蔻酰基谷氨酸钠或肉豆蔻酰基谷氨酸钠，它除具有上述表面活性剂的优点之外，还在广泛 pH 范围内具有良好的发泡能力。肉豆蔻酰基谷氨酸钠的商品名为 AMISOFT

MS-11，白色粉末，结构式见图 3-6。当 R 为 $C_{13}H_{27}$、M^1 为 Na、M^2 为 Na 时，产品称为肉豆蔻酰基谷氨酸二钠。相应产品的商品名为 AMISOFT MS-22。

$$CH_3(CH_2)_{12}CONHCHCH_2CH_2COONa$$
$$|$$
$$COOH$$

AMISOFT MS-11

图 3-6 肉豆蔻酰基谷氨酸钠的结构式

本项目以 N-肉豆蔻酰基谷氨酸钠为例进行化工专业综合实验技能训练，分三部分内容。第一，查阅文献，设计研究方案（包括合成、分离提纯、结构表征、表面性质测定、泡沫性能测定、中试工艺方案等），撰写文献综述及研究方案报告；第二，进入实验室完成实验内容，如合成、分离表征、测试等，撰写实验报告；第三，结合实验过程与实验结果及适当产量进行中试工艺设计，进行物料衡算与热量衡算，对主设备做工艺设计，绘制中试生产工艺流程图，撰写工艺设计说明书。总计学时大约需要 120 学时，其中课上与课后学时比大约为 1：1.2。学时分配见表 3-8。

表 3-8 学时分配表

序号	实验名称	课内学时	地点或方式	课外学时
实验 1	肉豆蔻酰基谷氨酸钠产品工程的方案设计	12	教室、图书馆或利用网络资源	14
实验 2	肉豆蔻酰基谷氨酸钠的合成	9	专业实验室	10
实验 3	肉豆蔻酰基谷氨酸钠的结构表征与熔点测定	9	专业实验室	10
实验 4	肉豆蔻酰基谷氨酸钠的临界胶束浓度的测定	8	专业实验室	8
实验 5	肉豆蔻酰基谷氨酸钠的泡沫性能的测定	8	CAD 机房	12
实验 6	肉豆蔻酰基谷氨酸钠的中试车间工艺设计	8	CAD 机房	12
学时小计		54		66
学时总计		120		

实验 1 肉豆蔻酰基谷氨酸钠产品工程的方案设计

实验目的

① 训练与培养设计基本有机合成实验方案的能力；

② 训练与掌握选择仪器分析表征手段的能力；

③ 掌握测定表面张力的基本方法及确定 CMC 的方法；

④ 训练根据小试实验方案设计中试工艺及设备的基本能力。

实验原理

十四酰基谷氨酸钠的合成采用肖顿-鲍曼反应法，分四步进行：①十四酸与氯化亚砜发生酰化，生成酰氯；②酰氯与谷氨酸钠在碱存在下缩合，生成 N-酰氨基谷氨酸钠；

③N-酰氨基谷氨酸钠酸化，得到 N-酰氨基谷氨基酸；④加入碱，使 N-酰氨基谷氨酸中的两分子酸全部成盐。主要合成路线如图 3-7 所示。

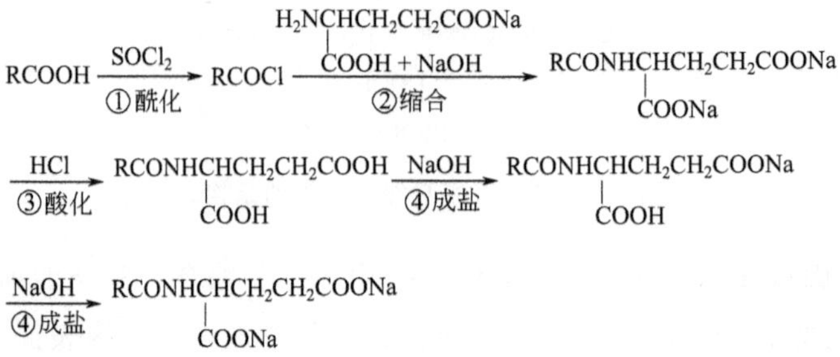

$$RCOOH \xrightarrow[\text{①酰化}]{SOCl_2} RCOCl \xrightarrow[\text{②缩合}]{\overset{\displaystyle H_2NCHCH_2CH_2COONa}{\underset{\displaystyle COOH} {} } + NaOH} RCONHCHCH_2CH_2COONa\underset{\displaystyle COONa}{}$$

$$\xrightarrow[\text{③酸化}]{HCl} RCONHCHCH_2CH_2COOH\underset{\displaystyle COOH}{} \xrightarrow[\text{④成盐}]{NaOH} RCONHCHCH_2CH_2COONa\underset{\displaystyle COOH}{}$$

$$\xrightarrow[\text{④成盐}]{NaOH} RCONHCHCH_2CH_2COONa\underset{\displaystyle COONa}{}$$

图 3-7　N-酰氨基谷氨酸钠的合成路线

实验方案设计内容与要求

（1）合成实验条件与设计内容及要求

① 酰化反应。

实验条件如下。

反应温度：80℃。

原料配比：十四碳酸与二氯亚砜摩尔比为 1∶(1.8～2.0)。

加料方式：十四碳酸加入溶解后，搅拌下逐滴加入二氯亚砜。

反应时间：二氯亚砜滴加完毕后，保持反应 3.5～4h。

其他要求：接入气体吸收装置。

分离方式：减压蒸除过剩原料。

注意事项：通风橱内进行。

设计内容及要求如下。

a. 设计实验装置并画出装置图；

b. 补充完整各步反应方程式，设计实验操作步骤；

c. 提出实验所需的仪器与试剂。

② 缩合反应。

实验条件如下。

温度控制：在 10℃下滴加液体；升温至 25℃下保持 2.5h。

原料配比：十四碳酰氯∶谷氨酸钠∶NaOH（30%）摩尔比为 1∶2∶3。

溶剂：水-丙酮混合溶剂（$V_水$∶$V_{丙酮}$＝2∶1）。

加料方式：谷氨酸钠先用水溶解，后加适量比例的丙酮，搅拌下滴加十四酰氯与等物质的量的 NaOH（30%）溶液。

加热方式：冰水浴控温。

pH 控制：9～10。

反应终点：溶液由白色浑浊逐渐变澄清。

初步分离：旋蒸除丙酮。

产品：澄清溶液。

设计内容及要求如下。

a. 根据反应原理讨论设计实验装置，并画出装置图。

b. 设计实验操作步骤，绘制操作流程示意图。

c. 查阅物理常数，讨论分离方法；设计分离实验装置。

d. 提出实验所需的仪器与试剂。

③ 酸化实验条件。

实验条件如下。

原料：缩合实验的反应液（除去丙酮后）。

反应温度：室温。

酸化试剂：1∶1 HCl。

终点控制：pH 1～2。

分离方式：水、石油醚分别洗涤、抽滤。

产品：白色粉末。

干燥：90℃，保持 4h。

设计内容及要求如下。

a. 设计酸化装置并画出装置图；

b. 设计实验操作步骤，绘制操作流程示意图；

c. 提出实验所需的仪器与试剂。

④ 成盐实验。

实验条件如下。

反应温度：室温。

原料配比：N-肉豆蔻酰基谷氨酸与 NaOH 摩尔比为 1∶1（或者 1∶2）。

溶剂：乙醇。

成盐试剂：NaOH-乙醇溶液（注意：常温下 NaOH 在乙醇中的溶解度为 17.3g/100g 乙醇）。

加料方式：肉豆蔻酰基谷氨酸先研细、加入乙醇完全溶解，再加入 NaOH-乙醇溶液。

反应时间：搅拌 1.5h。

终点：pH 6～6.5（或 pH 9～10）。

分离方式：减压抽滤。

产品：N-肉豆蔻酰基谷氨酸钠，白色粉末。

干燥：80℃，保持 24h。

设计内容及要求如下。

a. 根据成盐反应原理讨论设计成盐反应装置并画出装置图；

b. 查阅物理常数，讨论分离方法；

c. 设计实验操作（特别是 NaOH-乙醇溶液的配制）步骤，绘制操作流程示意图；

d. 提出实验所需的仪器与药品。

（2）产品的表征手段设计

① 熔点验证。

纯的 N-肉豆蔻酰基谷氨酸钠熔点在 107～109℃。

② IR 表征。

查阅资料，分析产物 N-肉豆蔻酰基谷氨酸钠与原料酰氯及谷氨酸钠之间的官能团变化，通过测定红外光谱可以验证结构。

表征内容与要求：

a. 讨论产物的纯度检测方法；

b. 根据产物与原料之间的官能团变化通过红外光谱测定结构；

c. 设计 IR 测定时样品的制备步骤；

d. 提出实验所需的仪器与试剂。

(3) 性能测定

① 表面张力的测定。

表面活性剂的重要作用是加入少量就能明显降低溶剂（主要是水）的表面张力。因此，测定物质在水中的表面张力是检验该物质是否具有表面活性的关键内容。表面张力的测定方法有毛细上升法、最大气泡压力法、吊环法、滴体积法或滴重量法、表面波法等。毛细上升法是最早的表面张力测定方法（有关原理可查阅相关文献）。

设计内容：

a. 讨论表面张力的测定方法，选择一种方法测定表面张力，简单描述测定原理，画出装置或原理示意图；

b. 设计测定 N-肉豆蔻酰基谷氨酸钠在水中表面张力的实验步骤，绘制操作流程图；

c. 提出实验所需的仪器与试剂。

② CMC 测定。

临界胶束浓度简称 CMC，它是当表面活性剂在溶液表面达到饱和吸附时，溶液内部的表面活性剂的浓度，以浓度表示。CMC 是衡量表面活性剂性能的重要指标。CMC 值越低，表明达到相同表面张力时所需要的表面活性剂的量越少，表示该表面活性剂降低水的表面张力的效率越高。CMC 的测定方法有表面张力法、电导法、蒸气压法、溶解度法、染料吸附法、核磁共振法、紫外分光光度法、光散射法等。每种测量方法在测量准确度、适用范围、测量目的等方面有所不同。后三种方法准确度高，适用面宽，但仪器昂贵。第 2～5 种方法仪器设备简单，但蒸气压法的准确度取决于操作者对设备操作的熟练程度，溶解度法与染料吸附法只适用于样品溶液颜色较浅的表面活性剂种类，电导法适用于样品纯度较高的样品。相比之下，表面张力法适用面较宽。

测定内容与要求：

a. 选择一种测定 CMC 的方法，画出装置示意图；

b. 设计测定 CMC 的实验操作步骤或绘制操作流程示意图；

c. 提出实验所需的仪器与试剂。

③ 泡沫性能测定。

表面活性剂的泡沫性能常用起泡力与泡沫稳定性来衡量。起泡力即表示物质的发泡能力，以初始泡沫高度或泡沫体积表示。泡沫稳定性表示物质产生泡沫的维持能力，通常以泡沫产生 5min 后的泡沫高度或泡沫体积表示。

设计内容：

a. 查阅文献了解测定表面活性剂泡沫性能的方法，并选择一种测定 N-肉豆蔻酰基谷氨酸钠的起泡力和泡沫稳定性；

b. 设计测定实验步骤，绘制操作流程示意图；

c. 提供所需要的仪器和试剂。

（4）中试车间工艺设计方案

① 设计出 N-肉豆蔻酰基谷氨酸钠的生产工艺流程图。

② 设计出物料衡算思路。

③ 设计出热量衡算思路。

④ 选择主要设备之一进行设计。

⑤ 撰写设计说明书。

（5）可行性报告及 ppt

可行性报告内容及要求：

① 合成原理及方程式；

② 合成实验方案；

③ 表征手段；

④ 性能及测定方法；

⑤ 应用示例；

⑥ 中试车间工艺设计思路；

⑦ 进度安排；

⑧ 主要参考文献。

答辩。

实验 2　肉豆蔻酰基谷氨酸钠的合成

实验目的

① 学习以脂肪酸和 L-谷氨酸钠为原料合成 N-肉豆蔻酰基谷氨酸钠的原理和方法；

② 掌握减压蒸馏、重结晶、抽滤等分离技术。

合成实验原理

（1）酰化

$$RCOOH + SOCl_2 \longrightarrow RCOCl + SO_2 + HCl \tag{3-5}$$

（2）缩合

$$RCOCl + \underset{\underset{COOH}{|}}{H_2NCHCH_2CH_2COONa} + 2NaOH \longrightarrow \underset{\underset{COONa}{|}}{RCONHCHCH_2CH_2COONa} + NaCl + 2H_2O \tag{3-6}$$

（3）酸化

$$\underset{\underset{COONa}{|}}{RCONHCHCH_2CH_2COONa} + 2HCl \longrightarrow \underset{\underset{COOH}{|}}{RCONHCHCH_2CH_2COOH} + 2NaCl \tag{3-7}$$

(4) 成盐

$$RCONHCHCH_2CH_2COOH \xrightarrow[pH\ 6\sim6.5]{NaOH} RCONHCHCH_2CH_2COONa \xrightarrow[pH\ 9\sim10]{NaOH} RCONHCHCH_2CH_2COONa \quad (3\text{-}8)$$
$$|||$$
$$COOH COOH COONa$$

其中，R 为 $C_{13}H_{27}$。

(5) 可能的副反应

$$RCOCl + H_2O \longrightarrow RCOOH + HCl \quad (3\text{-}9)$$

仪器和药品

仪器：四口烧瓶（125mL）、磁力加热搅拌器（或电动搅拌器）、水浴锅、恒压滴液漏斗、温度计（200℃）、气体吸收装置、球形冷凝管、直形冷凝管、循环水真空泵、电热恒温烘箱、抽滤瓶、烧杯（400mL）、量筒（50mL）、布氏漏斗、pH 试纸、冰块、研钵。

药品：肉豆蔻酸（228.37g/mol，0.10mol）、二氯亚砜（118.96g/mol，0.18mol）、L-谷氨酸钠（169.11g/mol，0.20mol）、NaOH（质量分数 30%）、盐酸（1:1）、丙酮、NaOH-乙醇溶液、石油醚、蒸馏水。

实验步骤

(1) 酰氯的合成

称取脂肪酸（0.1mol，22.84g）装入带有搅拌器、温度计、滴液漏斗和气体吸收装置的四口烧瓶中，将水浴温度控制在脂肪酸熔点以上 25℃ 左右，搅拌下加热直到全部熔化，量取二氯亚砜（约 0.2mol，23.79g 或 14.52mL）倒入恒压滴液漏斗，搅拌下逐滴滴加，约 0.5h 滴加完成。保温搅拌 4h。

接入减压蒸馏装置。升温至 90℃ 左右，减压蒸出多余的二氯亚砜。对瓶内液体冷却，得到酰氯。称重。

(2) 酰胺的合成

在装有磁力加热搅拌器（或电动搅拌器）和回流冷凝管的 250mL 四口烧瓶中加入计量的谷氨酸钠（33.8g，0.20mol），加入 50mL 蒸馏水，开动搅拌，待固体全部溶解后，加入一定量的丙酮（25mL）。用冰水浴冷却使烧瓶内混合溶液降至约 15℃，保持温度滴加由 (1) 得到的计量的酰氯，并用 NaOH（30%）溶液控制反应 pH 9~10 [**注意**：要求 NaOH 的用量大于两倍酰氯的物质的量。取 NaOH（30%）溶液 27~30mL 放入恒压滴液漏斗逐滴加入，同时加强搅拌。]，观察烧瓶内反应液的现象（呈白色浑浊，并随着反应的进行逐渐变澄清）。待反应结束后，蒸出丙酮；反应液冷却后备用。

(3) 酸化

步骤 (2) 蒸出丙酮后的液体，在搅拌下用 1:1 的盐酸酸化至 pH 1~2，有大量固体析出。减压抽滤，得到白色粉末状固体，此为肉豆蔻酰基谷氨酸粗品。

将得到的粗产品水洗两次，抽滤。接着用石油醚洗涤固体两次，抽滤分离除去石油醚，得到白色固体。将白色固体放进电热恒温烘箱中，在 90℃ 下恒温 4h。

(4) 成盐

取出酸化产物，研磨得到白色粉末。将其置于烧杯中，用适量乙醇溶解，在室温和磁力搅拌下，滴加计量的 10%（质量分数）NaOH-乙醇溶液。依据目标物的不同，中和至

pH 6～6.5（AMISOFT MS-11）或 pH 10～11（AMISOFT MS-22），抽滤，得到白色固体。（注意：①配制 NaOH-乙醇溶液时必须缓慢添加计量的 NaOH 固体并加强搅拌；要求不高时，也可先将 NaOH 固体研细并用少量水润湿后再添加无水乙醇。②滴定时需要严格控制 pH 值！）

实验数据记录

实验数据记入表 3-9。

室温：

表 3-9　肉豆蔻酰基谷氨酸钠合成实验数据记录

物质名称	十四烷酸	二氯亚砜	十四酰氯	肉蔻酰基-L-谷氨酸粗品	AMISOFT MS-11/AMISOFT MS-22	收率/%
物料量 m 或 V						

实验数据处理

① 计算理论产量。

② 根据最终产物量与理论产量之比计算肉豆蔻酰基谷氨酸钠的产率。

思考题

① 根据产率讨论影响产率的主要因素有哪些。

② 实验中副反应是如何控制的？

③ 二氯亚砜为何采用体积计量？

④ 成盐中和步骤可否采用 NaOH（30%）水溶液代替 NaOH-乙醇溶液？为什么？

⑤ 酰胺合成中为何控制 pH 在 9～10？

实验3　肉豆蔻酰基谷氨酸钠的结构表征与熔点测定

实验目的

① 学习和掌握红外光谱法在有机化合物官能团鉴别中的作用。

② 训练和掌握红外光谱制样技术。

③ 培养 IR 谱图解析能力。

④ 熟练运用熔点测定技术。

实验原理

（1）熔点测定原理

熔点是晶体物质在一定大气压下固-液平衡时的温度。熔点一般用熔程表示，即初熔到全熔的温度区间。初熔是指晶体的尖角和棱边变圆时的温度（或观察到有少量液体出现时的温度）；全熔是指晶体刚好全部熔化时的温度。一般来说，纯净的固体有机化合物有固定的熔点（注：多晶体样品有多个熔点，固熔体共熔混合物有固定的熔点），熔程温差不超过 1℃；而混有杂质时，熔点一般比纯品低，且熔程更长。测定熔点可鉴定有机物，甚至能区别熔点相近的有机物。也可根据熔程的长短来检验有机物的纯度。熔点测定方法通常有两类：毛细管法（Thiele 管法、全自动熔点仪）和显微熔点测定仪法。

（2）IR 表征原理

有机化合物的结构表征手段一般包括红外吸收光谱（IR）、核磁共振波谱（^{1}H NMR、^{13}C NMR）、紫外-可见吸收光谱（UV-Vis）、质谱（MS）等。本实验主要训练用红外光谱法鉴别化合物的官能团，以佐证得到的产品为目标产物——N-肉豆蔻酰基谷氨酸钠。

本实验中，借助产物 N-肉豆蔻酰基谷氨酸钠与原料酰氯及谷氨酸钠之间的官能团变化，通过测定红外光谱可以验证结构。出现在 $1680 \sim 1630 cm^{-1}$ 的峰（酰胺 C＝O）及 $3422 cm^{-1}$ 附近（N—H 伸缩振动峰）、$1560 cm^{-1}$ 附近（N—H 弯曲振动峰）的吸收特征，同时出现在 $3000 \sim 2700 cm^{-1}$ 范围内（C—H 的伸缩振动）的强峰、$1470 cm^{-1}$ 附近（C—H 弯曲振动）强峰及 $720 cm^{-1}$ 附近（C—H 面外摇摆）弱峰等，这些为长链的特征。此外还应存在 $1430 cm^{-1}$ 附近的 COO—的特征峰，而原料酰氯中的 C＝O 峰（$1760 cm^{-1}$ 附近）应基本消失。

IR 的样品制备技术对红外谱图的测定结果有重大影响。根据样品的性状不同，制样方式差别较大。气体样品可采用气体窗直接用中红外光扫描。液体和溶液试样可以熔融后直接涂制或压制成膜；也可将样品溶解在低沸点的溶剂中涂在盐片上，待红外灯下溶剂挥发后成膜来测试。固体试样通常采用溴化钾压片法制样。将干燥的试样与溴化钾按照（$1 \sim 2$）：100 的质量比例在玛瑙研钵中研细至 $2 \mu m$ 以下的粉末，然后装入在磨具中压制成 $0.5 \sim 1mm$ 厚度的透明薄片以供测试。此外，也可以将干燥处理后的试样研细，与液体石蜡或全氟代烃混合制成石蜡糊状，夹在盐片中测定。高分子化合物可以采用薄膜法测定。

实验使用傅里叶变换型红外光谱仪（即 FT-IR）来测定化合物的红外光谱。

仪器和药品

仪器：压片机、玛瑙研钵、FT-IR 红外光谱仪、显微熔点仪、载玻片、酒精棉。

药品：溴化钾（10g）、试样（0.3g）。

实验步骤

（1）熔点的测定

测定步骤：开启仪器，预热 10min。固体样品研成粉末，取少许装入载玻片上，用另一只载玻片将样品夹紧。将样品载玻片放入测试台上，尽量使样品居中。使用旋钮调节显微熔点仪上目镜的高度，以便清晰地观察到台上的样品。调节电压，观察显微镜下样品的状态变化。读取并记录初熔温度与终熔温度。平行测量三次。测量结束，电压回零，关闭仪器并切断电源。用镊子取下载玻片，使用专用冷却器帮助冷却测试台。

（2）IR 测定

① 样品准备：分别将装有 KBr 和样品的干净的表面皿置于电热烘箱内，分别在 120℃和 80℃下干燥 24h，备用。

② 压片模具准备：用酒精棉擦洗模具和玛瑙研钵，放在红外干燥箱内干燥。

③ 压片与背景扫描：取适量 KBr 于玛瑙研钵中，充分研磨至细度大约 $2 \mu m$ 以下的粉末，然后用药匙将 KBr 置于压片模具内的样品槽内，盖上模具盖子，将模具放在压片机内。关闭油阀。加压至 20MPa。停留 30s 后，迅速取出模具中的样品薄片置于光谱测定载样器上，再安装在仪器光路上，扫描吸收曲线作为背景吸收。

④ 按照 KBr 和样品大约 100∶2 的比例，将样品装入已经研细 KBr 的玛瑙研钵中，重复步骤③的过程，扫描得到的吸收曲线即为扣除背景后的样品的红外吸收光谱。

实验数据记录

（1）熔点测定数据（表 3-10）

表 3-10 试样的熔点测定数据记录

序号	初熔点/℃	终熔点/℃	熔程
1			
2			
3			

（2）图谱表征

记录 N-肉豆蔻酰基谷氨酸钠的 IR 光谱。或拷贝数据后，另外采用 origin6.0 软件绘制 IR 光谱图。

实验数据处理及要求

（1）熔点数据分析

要求根据 N-肉豆蔻酰基谷氨酸钠熔点的文献值与实验测定值进行比较，给出结论。

（2）IR 图谱表征

将 N-肉豆蔻酰基谷氨酸钠的 IR 光谱特征吸收峰波数、强度及归属记入表 3-11。

表 3-11 试样的 IR 分析结果

波数/cm^{-1}	吸收强度	振动形式	官能团

根据 IR 表征结果与 N-肉豆蔻酰基谷氨酸钠的结构特征进行比较，并给出表征结论。

思考题

① 在 IR 制样中，应注意哪些因素？

② 溴化钾作为红外压片载体时的波长使用范围是多少？

③ 对 N-肉豆蔻酰基谷氨酸钠测定红外光谱时能否采用其他制样技术？

实验 4 肉豆蔻酰基谷氨酸钠的临界胶束浓度的测定

实验目的

① 了解和掌握表面活性剂的结构特点与基本性质以及测定方法；

② 了解和掌握测定表面张力及确定 CMC 的原理和操作方法。

实验原理

表面活性剂是一类具有两亲结构的有机化合物。其结构特点是由两种不同性质的基团组成，一种是极性的易溶于水的亲水基团，另一种是非极性的易溶于油的疏水（亲油）基团，两种基团分处于分子的两端，形成不对称结构。其结构示意见图 3-8。

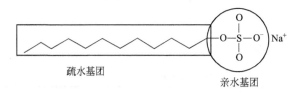

疏水基团   亲水基团

图 3-8 表面活性剂两亲结构示意图

表面活性剂的亲水基团可溶于水，而疏水基团不溶于水，易于从水中逃离。这种特殊结构赋予了它在溶液中的两个基本性质：一个是在溶液（通常是水溶液）表面，分子可以定向吸附在两相界面上，从而减低了水的表（界）面张力，改变界面状态；另一个是在溶液内部，当分子浓度达到一定程度时，表面活性剂分子易于形成疏水基朝内、亲水基朝向水中的胶团（束）。表面活性剂开始形成胶团时的浓度称为临界胶团（束）浓度，简称 CMC。图 3-9 为表面活性剂在溶液表面吸附和溶液内部聚集成胶团的示意图。

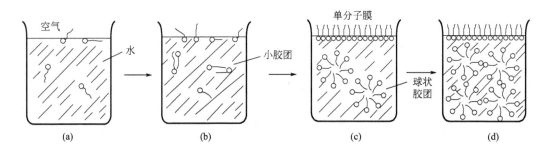

图 3-9 表面活性剂在表面吸附和溶液中自聚的过程

（a）极稀溶液；（b）稀溶液；（c）临界胶团浓度的溶液；（d）大于临界胶团浓度的溶液

若以水溶液的表面张力对表面活性剂浓度的对数作图，一般具有如图 3-10 所示的形状。根据曲线转折点，可以分别求出临界胶团浓度 CMC（由转折点横坐标的反对数）和相应 CMC 时的表面张力 γ_{CMC}（纵坐标）。当样品中混入长碳链醇或有表面活性的杂质时，曲线会出现最低点，以此也可以检验表面活性剂样品的纯度。

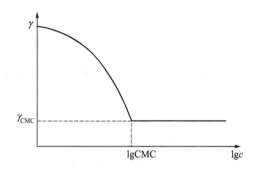

图 3-10 表面活性剂的表面张力-浓度对数曲线

表面活性剂因具有特殊的两亲结构而在溶液中形成了表面吸附和溶液内部胶团化的两种作用，因此，在不同的相界面会产生润湿、乳化、泡沫、分散、洗涤等一系列的应用性能，也因此在工农业生产与国民经济的各个领域具有广泛应用。

本实验以学生在实验室中自己合成的 N-肉豆蔻酰基谷氨酸钠为例，配制系列浓度的水溶液，分别测定其在水溶液中的表面张力，求出临界胶团浓度 CMC 值与 γ_{CMC}，以检验其是否具有显著降低水表面张力的作用。

仪器和药品

仪器：Kruss K100 表面张力仪、威尔逊铂金测量板、酒精喷灯、测量杯、罗氏泡沫测量仪、容量瓶（100mL，10 个）、烧杯（200mL，2 个）、棉手套。

药品：无水乙醇、蒸馏水、N-肉豆蔻酰基谷氨酸钠产品（10g）。

实验步骤

（1）溶液配制

将产品根据浓度梯度 0.2mmol/L、0.4mmol/L、0.6mmol/L、0.8mmol/L、1.0mmol/L、1.1mmol/L、1.2mmol/L、1.3mmol/L、1.4mmol/L 和 2.0mmol/L 由高到低分别配制成 100mL 溶液。

（2）表面张力测定

在表面张力仪上使用板法测定各溶液在室温下的表面张力。

① 仪器预热：打开电源开关，预热 30min，调制到表面张力测量模块。

② 烧板与安装：点燃酒精喷灯，待出现蓝色火焰时，戴手套将威尔逊铂金板水平置于火焰中迅速烧至红色，冷却，将铂金板固定在表面张力测定架孔内。

③ 仪器校正：在洗净的测量杯内装入 45～50mL 蒸馏水，擦干外壁，将杯置于 K100 表面张力仪杯槽内。转动鼠标使吊挂的铂金板缓慢下落至液面上方约 5mm 处（注意：一定不能使铂金板偏离液面太远，更不能进入液面或润湿），以悬挂液面倒影进行观察。关闭好测量室门。

④ 表面张力测定：以板法测量，调整参数，气相不设置；液相以水为样品，设置编号 0；其他参数设置默认；对样品进行编号 0。启动测量按钮，当听到第一声嘟后，仪器测量开始，当听到第二声嘟后，测量结束（大约 3～5min）。点击结果，读取表面张力测定结果与相关参数。

仪器校正以室温下读取表面张力测量值接近 72mN/m 为宜。否则，需要重新装液、烧板和测量（或检查更换溶剂后重新测量）。

⑤ 样品测定：重新洗杯、装液、烧板、安装后，设置测量参数。因为仪器已经校正，此时液相以仪器给定的溶剂为标准（点击液相→溶剂→编号 67——水→确认）。对样品进行编号 1，启动测量按钮。重复上述表面张力测定步骤。

样品表面张力的测定需要根据浓度由小到大依次进行。

实验数据记录

将实验数据记入表 3-12。

实验温度：　　　　纯水表面张力：　　　　仪器名称及型号：

表 3-12　肉豆蔻酰基谷氨酸钠水溶液表面张力数据记录

浓度 c/(mmol/L)	0	0.2	0.4	0.6	0.8	1.0	1.1	1.2	1.3	1.4	2.0
表面张力 γ/(mN/m)											

实验数据处理

对测出的表面张力 γ 值与对应的浓度对数 $\lg c$ 作图，得到 γ-$\lg c$ 关系曲线，找出曲线拐点的坐标 $\lg CMC$ 与 γ_{CMC}，即可求出样品的 CMC 值。分析其表面性质。

思考题

① 怎样配置溶液可以使样品浓度更为准确，且操作更加简便？

② 表面张力测量中，应注意哪些内容以减少测量误差？

实验 5 肉豆蔻酰基谷氨酸钠的泡沫性能的测定

实验目的

了解和掌握表面活性剂的结构特点与泡沫性能的测定方法。

实验原理

一般来说，泡沫是大量气体被分散到液体中形成的分散体系。其中气体是分散相，液体是连续相。纯粹的液体是很难形成泡沫的。而表面活性剂水溶液则是典型的易产生泡沫的体系。单个气泡发生时，表面活性剂的分子吸附在水溶液表面，形成亲水基朝向水相、疏水基朝向气相的胶团。当大量气泡聚集时便形成了泡沫，如图 3-11 所示。

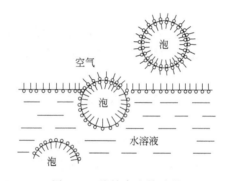

图 3-11　泡沫产生的过程

泡沫是热力学不稳定体系，具有非常大的相界面，因而容易发生泡沫破裂而消泡。利用发泡能力的不同，表面活性剂分为高泡型和低泡型，均有广泛应用。如高泡型表面活性剂常被用作发泡剂使用，如洗涤工业（浴用洗涤剂、牙膏等）、泡沫分离（矿物浮选、敏感性物质分离和提取、金属离子浮选等）、油田开发（油田的压裂洗井、调剖堵水、钻井、试油、泡沫驱油等）、消防工业（泡沫灭火剂）等。低泡型表面活性剂在工业中常作为消泡剂使用，如造纸工业、纺织印染工业、发酵工业等。

表面活性剂泡沫性能测量主要是泡沫的稳定性与发泡剂的起泡能力的测定，并以前者为主。泡沫性能的测量方法，依产生泡沫方法的不同主要分为气流法与搅动法。生产与实验室中常用的 Ross-Miles 泡沫仪就是根据倾注搅动法的原理制成的。

本实验采用倾注搅动法测定样品表面活性剂的泡沫高度或泡沫体积。

仪器和药品

仪器：2152 罗氏泡沫仪（改进的 Ross-Miles 法）、刻度分液漏斗（500mL）、恒温水浴（带有循环水泵）、夹套量筒（容量1500mL）、容量瓶（1000mL）、量筒（100mL）、烧杯（200mL，2只）。

药品：N-肉豆蔻酰基谷氨酸钠（10g）、蒸馏水。

实验步骤

（1）溶液配制

配制1% N-肉豆蔻酰基谷氨酸钠水溶液1000mL。注意配制过程中尽量不要产生泡沫。

（2）测量方法

① 先在罗氏泡沫仪下部的粗量筒内缓慢放入样品溶液至100mL刻线处（注意不要起泡），同时开启循环泵保持粗量筒外壁的循环水温为50℃。稳定10min后，将已经预热至50℃的另外200mL样品溶液引流放入到上部漏斗内（注意不要起泡）。完全打开上部漏斗旋塞，溶液自然流下至完全的瞬间，记录量筒内的泡沫高度，同时启动秒表，在液流停止后的0.5min、3min、5min测量泡沫体积（仅仅泡沫）（注意流出时间与观测的流出时间算术平均值之差大于5%的所有测量应予忽略，异常的长时间表明在计量管或旋塞中有空气泡存在）。罗氏泡沫仪装置见图3-12。

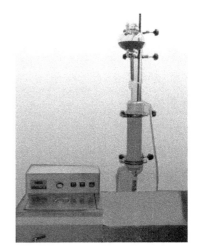

图3-12　罗氏泡沫仪示意图

② 如果泡沫的上面中心处有低洼，按中心与边缘之间的算术平均值记录读数。

③ 进行重复测量时，每次均需按试样溶液配制要求重新配制新鲜溶液，取得至少3次误差在允许范围的结果。

（3）结果表示

以所形成的泡沫在液流停止后0.5min、3min和5min时的毫升数来表示结果。必要时可绘制响应的曲线。以重复测定结果的算术平均值作为最后结果。注意：重复测定结果之间的差值应不超过15mL。

实验数据记录

将N-肉豆蔻酰基谷氨酸钠的泡沫性能测定数据填入表3-13中。

表3-13　**N-肉豆蔻酰基谷氨酸钠的泡沫性能测定数据**（样品浓度：　　　）

编号	泡高/mm			
	0min	0.5min	3min	5min
1				
2				
3				
平均值				

实验数据处理

通过测定的泡沫性能h值与所对应的时间t数据，绘制h-t的关系曲线，分析其发泡力和稳定性。

思 考 题

① 怎样配制溶液可以使样品溶液减少泡沫的产生？

② 泡沫测量中，应注意哪些因素以减少测量误差？

③ 是否有其他方法产生泡沫？举例说明。

实验 6　肉豆蔻酰基谷氨酸钠的中试车间工艺设计

设计题目

60t/a 肉豆蔻酰基谷氨酸钠的中试车间工艺设计。

设计时间

一周时间。

设计原始数据

以小试实验工艺条件为依据，设计一个年产 60t 的肉豆蔻酰基谷氨酸钠的中试车间的工艺流程。

设计内容与设计说明书

（1）设计内容与要求

① 要求学生查阅资料，设计工艺技术流程；

② 结合产量，按照有关设计规定进行物料衡算和能量衡算；

③ 根据国家标准绘制 N-肉豆蔻酰基谷氨酸钠的工艺流程图（PFD）；

④ 根据工艺路线和反应特征，选取合适的反应器和传质分离设备，提出过程控制方案；

⑤ 选择一个非标设备（反应器、精馏塔、储罐）进行工艺设计；

⑥ 编制工艺设计说明书。

（2）工艺设计说明书

① 对 N-肉豆蔻酰基谷氨酸钠的简单描述；

②工艺路线、工艺参数和工艺流程框图的确定以及对流程的简述；

③ 物料衡算；

④ 热量衡算；

⑤ 设备工艺计算；

⑥ 绘制工艺流程图（PFD）；

⑦ 非标设备的工艺设计。

（3）其他要求

① 鼓励使用现代设计软件，Aspen Plus、Pro Ⅱ、ChemCAD、ChemDraw Ultra 不限。

② 两个人一组，积极、主动、协同完成作品。

工作计划

工作计划见表 3-14。

表 3-14 一周工作计划

时间顺序	工作内容	备注
第一天	解读设计任务、查阅数据及实验结果、建立流程、用 CAD 绘制 PFD 图	
第二天	进行物料衡算	可以使用软件
第三天	进行热量衡算	可以使用软件
第四天	典型非标设备工艺设计	
第五天	撰写工艺设计说明书	

考核与评分办法

（1）考核方式

依据说明书文档的规范性和图纸的质量来评定成绩。

（2）评分办法

制定评分标准。从下列几个方面综合评价：

① 工艺流程的完整性与正确性：要求与小试工艺相符合；

② 计算数据的科学性；

③ 设备选型要求与小试要求相适应；

④ 设计图纸（PFD 图）内容完整、绘图表达的正确性；

⑤ 设计说明书格式规范、内容完整性；

⑥ 现代设计方法及工具应用。

参考文献

[1] 谢亚杰，胡万鹏，韦晓燕，等 . N-脂肪酰基-L 谷氨酸系表面活性剂的制备及表面性能研究 [C] // 第十二届国际日用化工学术研讨会论文集 . 北京日化协会，2009：243-246.

[2] 韦昇，朱海洋，李华山，等 . N-脂肪酰基谷氨酸系表面活性剂在日用化学品中的应用 [J]. 日用化学品科学，2003，26（4）：20-23.

[3] 卢峰，周侨发 . N-月桂酰基 L-谷氨酸钠的合成与性能 [J]. 广东化工，2013，40（6）：13-15.

[4] 胡永亮，氨基酸型表面活性剂的合成及其在泡沫分离中的应用 [D]. 天津：天津大学，2009.

[5] 陈争 . 酰胺型表面活性剂的合成及其性能的研究 [D]. 嘉兴：嘉兴学院，2007.

[6] 熊杰明，杨索和 . Aspen Plus 实例教程 [M]. 北京：化学工业出版社，2013.

[7] 中国石化集团上海工程有限公司 . 化工工艺设计手册（上、下册）[M]. 北京：化学工业出版社，2009.

[8] 傅承碧，等 . 流程模拟软件 ChemCAD 在化工中的应用 [M]. 北京：中国石化出版社，2013.

[9] 蔡纪宁，赵惠清 . 化工制图 [M]. 第 2 版 . 北京：化学工业出版社，2008.

[10] 李功祥，等 . 常用化工单元设备设计 [M]. 广州：华南理工大学出版社，2006.

[11] 孙兰义 . 化工流程模拟实训——Aspen Plus 教程 [M]. 北京：化学工业出版社，2012.

[12] 王祥荣 . 纺织印染助剂生产与应用 [M]. 南京：江苏科学技术出版社，2004.

项目 3 农用乳化剂——双甘油硼酸酯单油酸酯产品工程

双甘油硼酸酯单脂肪酸酯是一类油溶性表面活性剂。作为农药、除草剂等的乳化剂与油品添加剂，具有广泛应用。产品通式见图 3-13。当 R 为 $C_{17}H_{33}$ 时的产品为双甘油硼酸酯单油酸酯。它除具有油溶性表面活性剂的特点之外，还具有良好的乳化性能。产品结构式见图 3-14。

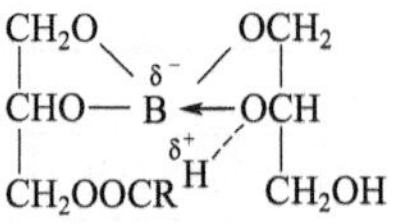

图 3-13　双甘油硼酸酯单脂肪酸酯的通式　　图 3-14　双甘油硼酸酯单油酸酯的结构式

R：$C_{11}H_{23}$、$C_{13}H_{27}$、$C_{15}H_{31}$、$C_{17}H_{35}$ 或 $C_{17}H_{33}$

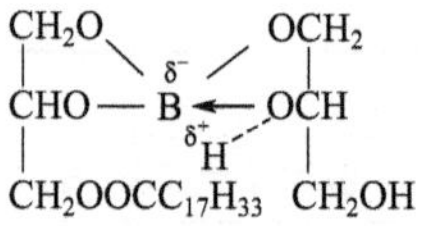

本项目以双甘油硼酸酯单油酸酯产品工程为例进行化工专业综合实验技能训练，分三部分内容。第一，查阅文献，设计研究方案（包括合成、分离提纯、结构表征、表面性质测定、乳化力测定、中试工艺方案等），撰写文献综述及研究方案报告；第二，进入实验室完成实验内容，如合成、分离表征、测试等，撰写实验报告；第三，结合实验过程与实验结果及适当产量进行中试工艺设计，进行物料衡算与热量衡算，绘制中试生产工艺流程图及主设备图，撰写相应工艺设计说明书。总计学时大约需要 120 学时。学时分配见表 3-15。

表 3-15　学时分配表

序号	实验名称	课内学时	地点或方式	课外学时
实验 1	双甘油硼酸酯单油酸酯产品工程的优化方案设计	12	教室、图书馆或利用网络资源	16
实验 2	双甘油硼酸酯单油酸酯的合成	20	专业实验室	8
实验 3	双甘油硼酸酯单油酸酯的分离与结构表征	8	专业实验室	4
实验 4	双甘油硼酸酯单油酸酯乳化力的测定与应用	4	专业实验室	4
实验 5	双甘油硼酸酯单油酸酯的中试车间工艺设计	16	CAD室	28
学时小计		60		60
学时总计		120		

实验 1　双甘油硼酸酯单油酸酯产品工程的优化方案设计

实验目的

　① 训练与培养设计基本有机合成实验方案的能力；

　② 掌握除水与减压蒸馏的分离技术；

　③ 训练与掌握红外光谱表征手段的操作技能；

　④ 训练和掌握测定有机物酸值的基本方法及乳化实验的操作方法；

　⑤ 训练根据小试实验方案设计中试生产工艺及设备的基本能力。

实验原理

　取代硼酸双甘油酯的合成分为两步，先是甘油与硼酸反应脱水，得到含半极性键 $B^{\delta-}\rightarrow$ $O\cdots H^{\delta+}$ 的中间体硼酸双甘油酯，然后再与高级脂肪酸缩合脱水，即得到目标硼酸酯表面活性剂。

（1）硼酸双甘油酯的合成

反应方程式：

$$2\text{CHOH} + \text{H}_3\text{BO}_3 \longrightarrow \text{CHO}-\text{B}-\text{OCH} + 3\text{H}_2\text{O} \tag{3-10}$$

实验条件：

温度：110～120℃；

原料配比：甘油与硼酸摩尔比为2∶1；

反应时间：1.5h；

分离方式：减压除水；

产品性状：淡黄色透明液体。

（2）双甘油硼酸酯单油酸酯的合成

反应方程式：

$$\text{CHO}-\text{B}-\text{OCH} + \text{RCOOH} \longrightarrow \text{CHO}-\text{B}-\text{OCH} + \text{H}_2\text{O} \tag{3-11}$$

其中 R 可以为 $C_{11}H_{23}$、$C_{13}H_{27}$、$C_{15}H_{31}$、$C_{17}H_{35}$ 或 $C_{17}H_{33}$。本项目取 R 为 $C_{17}H_{33}$，即以油酸为脂肪酸，设计合成方案。

实验条件：

温度：160～220℃；

原料配比：$n_{\text{硼酸双甘油酯}}$∶$n_{\text{油酸}}$＝（0.9～1.1）∶1；

催化剂用量：对甲基苯磺酸摩尔分数：0.3%～0.7%（相对油酸）；

反应时间：3～5h；

分离方式：减压除水；

产品性状：浅黄色固体。

方案设计与要求

（1）合成方案选择与设计要求

本实验目标是对双甘油硼酸酯单油酸酯的合成工艺进行优化。

① 讨论并设计中间体合成与分离方案：

a. 按照给定工艺条件设计第一步合成反应实验装置；

b. 设计实验步骤；

c. 查阅物性常数，确定产品分离方案，画出分离实验装置图。

② 优化第二步产品合成工艺条件：根据给定工艺条件，选择适宜的因素与水平，确定考察指标，结合正交试验次数，设计正交试验方案［包括因素水平表（表3-16）与正交表］。

表 3-16　因素水平表

水平	因素			
	A （$n_{硼酸双甘油酯}$：$n_{油酸}$）	B （反应时间）/h	C （催化剂量，占油酸摩尔比）/%	D （温度）/℃
1	1∶0.9	3	0.3	160
2	1∶1	4	0.5	190
3	1.1∶1	5	0.7	220

③ 正交设计方案以油酸的转化率为考核指标。查阅资料，设计油酸转化率的测定实验方案（表 3-17）。

表 3-17　双甘油硼酸酯单油酸酯的合成正交试验表

序号	A	B	C	D	油酸转化率/%
1	1	1	1	1	
2	1	2	2	2	
3	1	3	3	3	
4	2	1	2	3	
5	2	2	3	1	
6	2	3	1	2	
7	3	1	3	2	
8	3	2	1	3	
9	3	3	2	1	

（2）双甘油硼酸酯单油酸酯产品分离的方案设计

① 两步反应均有水产生，及时除去水可以加快反应进程。

② 设计产品分离方案。

③ 因正交试验中投料比例不同，原料剩余的物质种类不同，不能简单采用统一的方法进行分离。可以先测定剩余酸含量，进而计算脂肪酸的转化率。以此来选择较佳工艺条件。然后再根据具体情况设计分离方案。

④ 选择合适的有机酸含量测定方法并设计实验操作步骤。绘制测定操作流程示意图。

⑤ 对优化工艺下的产品设计分离提纯方案。

（3）表征手段

半极性键结构的存在可以产生面外变形振动，可以由 IR 表征佐证。

双甘油硼酸酯单油酸酯产品可以由 IR 分析认证。结构中既保留半极性键特征，同时又有酯基以及长链的特征。

（4）乳化性能测定

① 查阅文献，了解分析乳化原理及乳化力测定方法。

② 以甲苯、二氯乙烷、环己烷为例，设计分别测定双甘油硼酸酯单油酸酯在这三种溶剂中的乳化力的实验测定步骤。

（5）中试车间工艺设计思路

① 设计出双甘油硼酸酯单油酸酯的生产工艺流程图；

② 设计出物料衡算思路；

③ 设计出热量衡算思路；

④ 选择主要设备之一进行设计；

⑤ 撰写设计说明书。

（6）可行性报告及 PPT

可行性报告内容要求：

① 合成原理及方程式；

② 合成实验方案；

③ 表征手段；

④ 性能及测定方法；

⑤ 应用示例；

⑥ 中试车间工艺设计思路；

⑦ 进度安排；

⑧ 主要参考文献。

实验2　双甘油硼酸酯单油酸酯的合成

实验目的

① 了解和掌握双甘油硼酸酯单油酸酯类表面活性剂的合成方法与操作技术；

② 训练和掌握油水分离、减压蒸馏等分离技术；

③ 训练和掌握酸值的测定技术。

实验原理

双甘油硼酸酯单油酸酯的合成分为两步进行：第一步，2mol 甘油与 1mol 硼酸缩合脱去 2mol 水，形成带有半极性化学键 $B^{\delta-} \rightarrow O \cdots H^{\delta+}$ 的中间体双甘油硼酸酯。这一步硼酸虽为无机弱酸，但与甘油共存时容易发生配位性反应，形成带有半极性化学键 $B^{\delta-} \rightarrow O \cdots H^{\delta+}$ 的产物，反应比较容易进行，不需要催化剂，及时除去生成的水即可得到产品。第二步，中间体与长链油酸等物质的量缩合脱水形成目标产物。根据加入的脂肪酸碳链长度不同，脂肪酸可以为月桂酸、肉蔻酸、棕榈酸以及硬脂酸等。本实验为油酸与醇的酯化反应，反应可逆，需要加入催化剂。同时因碳链较长，动力学难度较大，反应需要在较高温度下进行。为加快反应速率，需要及时除去生成的水。双甘油硼酸酯单脂肪酸酯的合成路线如图 3-15 所示。

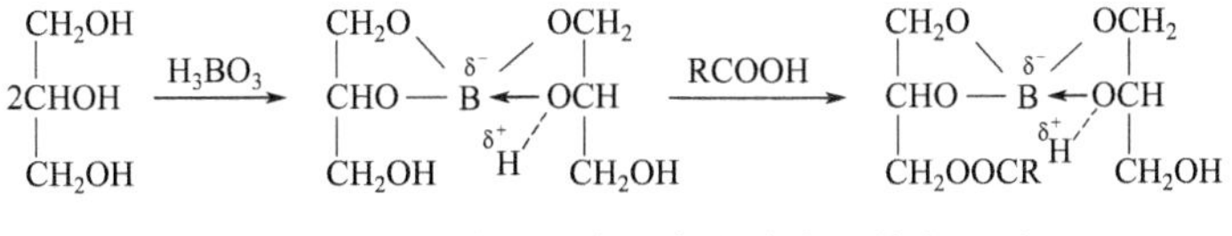

图 3-15　双甘油硼酸酯单油酸酯的合成路线（其中 R 为 $C_{17}H_{33}$）

本实验以油酸为例进行产品合成。并以对甲基苯磺酸为第二步酯化反应的催化剂。

在第二步合成中，影响酯化反应速率的因素很多，如物料配比、反应温度、反应时间、加入催化剂量等，需要对合成工艺条件进行优化。本实验采用四因素三水平正交试验法（$L_4^3 9$）优化工艺条件，通过测定酸值考察脂肪酸的转化率。双甘油硼酸酯单油酸酯的优化合成方案按照物料配比、反应温度、反应时间、催化剂量四因素（序号分别为 A、B、C、D）、三水平（序号分别为 1、2、3）设计正交试验方案（$L_4^3 9$），以油酸转化率（%）为 9 次实验的考核指标。

仪器和药品

仪器：增力电动搅拌器、温度计、分水器、球形冷凝管、四口烧瓶（250mL）、电子天平（精度±0.001g）、锥形瓶（250mL，3 只）、微量滴定管（0～10mL）。

药品：硼酸（61.83g/mol）、甘油（92.09g/mol）、油酸（282.47g/mol）、对甲基苯磺酸（172.20g/mol）、氢氧化钠标准溶液、乙醚、乙醇、酚酞指示液（或中性红-亚甲基蓝混合指示剂）。

实验步骤

（1）中间体合成

在装有增力电动搅拌器、温度计、分水器和球形冷凝管的四口烧瓶中，投入摩尔比为 2∶1 的甘油（46.05g，0.50mol）与硼酸（15.46g，0.25mol），搅拌下加热溶解，在 110～120℃保温 1.5h。待出水量接近理论值后，减压抽出残留水，得到淡黄色透明液体。称重。

（2）双甘油硼酸酯单油酸酯的合成

在装有增力电动搅拌器、温度计、分水器和球形冷凝管的四口瓶中（内含中间体 49.2g，0.25mol），依次加入 50.84g 油酸（0.18mol）、0.2g 对甲基苯磺酸（以相对于油酸的摩尔分数 0.5% 计）。加热搅拌均匀，在 220℃保温 4h。取样测定酸的转化率。减压蒸馏除去残留水，降到室温。得到浅黄色固体。

按照正交方案，改变投料比与实验条件，重复上述实验步骤。

实验数据记入 $L_4^3 9$ 方案表（表 3-18）中。

表 3-18　双甘油硼酸酯单油酸酯合成的正交试验（$L_4^3 9$）方案

序号	A	B	C	D	脂肪酸转化率/%
1					
2					
3					
4					
5					
6					
7					
8					
9					
K_1					
K_2					
K_3					
极差 R					

其中油酸转化率数据以下面步骤（3）的实验结果记录。

（3）油酸转化率的测定（以酸值为测定依据）

① 0.5mol/L 氢氧化钠标准溶液的配制和标定　氢氧化钠标准溶液的制备方法参考附录1。

② 酸值的测定　按 GB 5009.229—2016，称取 0.2～1.0g 均匀试样（精确至 0.001g），置于 250mL 锥形瓶中，加入 30mL 乙醇，加热（温度低于沸点），振摇使样品溶解，冷却至室温。加入酚酞指示液 2～3 滴，以 0.5mol/L NaOH 标准溶液滴定，至初现微红色，且 0.5min 内不褪色为终点。酸值的计算公式如下：

$$X = \frac{(V - V_s) \times c \times 56.11}{m} \tag{3-12}$$

式中，X 为样品的酸值，mg/g；V 为消耗 NaOH 标准溶液的体积，mL；V_s 为相应的空白溶液消耗 NaOH 标准溶液的体积，mL；c 为 NaOH 标准溶液的浓度，mol/L；56.11 为 KOH 的摩尔质量，g/mol；m 为称取试样的质量，g。

③ 油酸转化率的计算　油酸转化率的计算公式如下：

$$\eta = \frac{X_0 - X_1}{X_0} \times 100\% = \frac{V_0/m_0 - V_1/m_1}{V_0/m_0} \times 100\% \tag{3-13}$$

式中，η 为油酸的转化率；X_0、X_1 分别为样品的初始与结束酸值，mg/g；V_0、V_1 分别为初始和终态样品消耗的 NaOH 标准溶液的体积，mL；m_0、m_1 分别为初始和终态称取试样的质量，g。

油酸转化率的实验数据按照表 3-19 记录。

表 3-19　正交试验中油酸转化率的测定数据记录

序号	初始样品质量 m_0/g	滴定剂体积 V_0/mL	终态样品质量 m_1/g	滴定剂体积 V_1/mL	油酸转化率 η/%
1					
2					
3					
4					
5					
6					
7					
8					
9					

实验数据记录及处理

（1）甘油硼酸酯的合成

硼酸量（g）：　　　甘油量（g）：　　　中间体质量（g）：　　　产率（%）：

其中产率计算：

$$X = \frac{产品实际产量}{理论产量} \times 100\% \qquad (3\text{-}14)$$

（2）双甘油硼酸酯单油酸酯的优化合成

按照正交试验法，记录表 3-19，并计算表中的 K_1、K_2、K_3 和极差 R。

（3）结论

① 找出影响因素的主次顺序。

② 找出正交试验得到的优化设计组合条件。

③ 找出双甘油硼酸酯单油酸酯的合成优化条件。

思考题

① 甘油与硼酸反应是酯化反应还是络合反应？为什么不需要加催化剂？

② 简单描述油酸与甘油硼酸酯的反应机理。

③ 为何选择正交试验方案而不选择单因素方案？选择优化试验方案的依据是什么？

④ 正交试验的评价指标除脂肪酸转化率外，是否还有其他指标？

⑤ 可否采用 NaOH-乙醇标准溶液代替 KOH-乙醇来测定油酸酸值？为什么？

⑥ 试写出计算油酸转化率的公式。

实验 3　双甘油硼酸酯单油酸酯的分离与结构表征

实验目的

① 训练和掌握依据产品溶解性差异进行分离提纯的方法与操作技术；

② 掌握红外光谱法对有机化合物结构表征的原理与操作技术。

实验原理

（1）分离原理

双甘油硼酸酯单油酸酯产品中可能存在的成分为双甘油硼酸酯单油酸酯、双甘油硼酸酯（中间体）、对甲基苯磺酸（催化剂）、油酸、水及微量其他杂质。

物质溶解性分析：中间体在水中溶解度很大；脂肪酸不溶于水，易溶于乙醇、乙醚、氯仿等有机溶剂；对甲基苯磺酸易溶于乙醇和乙醚，稍溶于水和热苯；双甘油硼酸酯单油酸酯不溶于水。据此设计分离方案：

① 当中间体过量时，可以考虑使用热水去处理产品，充分搅拌后减压抽滤分离；

② 当脂肪酸过量时，可以考虑使用甲醇与石油醚混合溶剂处理。

实际操作时，应当根据正交试验得到的优化设计组合方案，考虑产品可能的成分，再做具体选择。

（2）红外表征原理

摩尔比 2：1 型的多元醇硼酸酯固有的锐角化现象出现在 830cm^{-1} 处尖峰，是面外弯曲振动；630cm^{-1} 处吸收是硼螺环骨架振动。此外，—CH_2OH 的吸收出现在 $3300 \sim 3500\text{cm}^{-1}$ 与 1050cm^{-1} 处；—COO—结构在 1735cm^{-1}（s）与 $1200 \sim 1100\text{cm}^{-1}$ 处双峰予以佐证；油酸的长链及双键的标志为 910cm^{-1}、970cm^{-1} 及 720cm^{-1} 等处有吸收。

仪器和药品

仪器：FT-IR 红外光谱仪、压片机、玛瑙研钵、红外干燥箱、水浴锅、电热烘箱、循环水真空泵、布氏漏斗、烧杯（400mL，2只）。

药品：双甘油硼酸酯单油酸酯粗品、甲醇、石油醚、蒸馏水。

实验步骤

（1）产品分离纯化

将得到的浅黄色固体（中间体过量时得到的产品）在水浴中加热熔化后，快速倒入装有80℃左右热水的烧杯中，充分搅拌，趁热减压抽滤。用1∶1甲醇-石油醚混合液洗涤一次，抽滤。室温真空干燥24h。称重。备用。

（2）红外光谱测定

① 样品准备：将装有KBr的干净的表面皿置于电热烘箱内，在120℃干燥24h，备用。充分干燥过的样品备用。

② 压片模具准备：用酒精棉擦洗模具和有玛瑙研钵，放在红外干燥箱内干燥。

③ 压片与背景扫描：取适量KBr于玛瑙研钵中，充分研磨至细度大约$2\mu m$以下的粉末，然后用药匙将KBr置于压片模具内的样品槽内，盖上模具盖子，将模具放在压片机内。关闭油阀。加压至20MPa。停留30s后，迅速取出模具中的样品薄片置于光谱测定载样器上，安装好后并扫描吸收曲线并作为背景吸收。

④ 按照KBr和样品大约100∶2的比例，将样品装入已经研细KBr的玛瑙研钵中，重复步骤③的过程，扫描得到的吸收曲线即为扣除背景后的样品的红外吸收光谱。

实验数据记录

（1）分离产品数据记录

将双甘油硼酸酯单油酸酯产品的分离纯化数据计入表3-20中。

表3-20 双甘油硼酸酯单油酸酯产品的分离纯化数据

物质名称	硼酸	甘油	油酸	对甲基苯磺酸	双甘油硼酸酯单油酸酯	收率
物料量 m/g(mol)						

（2）红外图谱记录

记录实验产品的IR光谱。打印。或拷贝数据后，采用origin6.0软件绘制IR光谱图。

实验数据处理及要求

（1）根据实验得到的双甘油硼酸酯单油酸酯产品与理论值计算收率

理论值计算：

收率计算：

（2）图谱表征分析结果与结论

将双甘油硼酸酯单油酸酯试样的IR分析数据及结果计入表3-21。

表3-21 试样的IR分析结果

波数/cm^{-1}	吸收强度	振动形式	官能团

给出 IR 表征的结论。

思考题

① 两分子甘油与一分子硼酸反应生成双甘油硼酸酯（2∶1 型）的锐角化现象（B—O…H）的红外光谱吸收波数为多少？

② 双甘油硼酸酯单油酸酯的 IR 吸收与中间体的区别在哪里？

③ 怎样分离样品中过量的双甘油硼酸酯和甲基苯磺酸对甲基苯磺酸催化剂？

实验 4　双甘油硼酸酯单油酸酯乳化力的测定与应用

实验目的

① 了解和掌握表面活性剂乳化力的测定原理与方法。

② 了解和巩固双甘油硼酸酯单油酸酯的乳化性能特点与操作技术。

实验原理

（1）乳化与乳状液

所谓的乳化，是指互不相溶的两种液相中的某一相以微滴状（直径 $10^{-7}\sim10^{-8}\,\mathrm{m}$）分散到另一相中形成均匀稳定的分散体系的过程。由于该分散体系的外观一般呈现乳白色不透明的液体，因而称为乳状液。乳液中以微滴形式存在的那一部分称为不连续相、内相或分散相，另一部分是连成一片的，称为连续相、外相或分散介质。常见乳状液一般都是一相是水或水溶液，称为水相；另一相为与水不相溶的有机相，或称为油相。内相为油相而外相为水相的乳状液称为水包油型，表示为 O/W 型；内相为水相而外相为油相的乳状液称为油包水型，表示为 W/O 型。乳状液如果能够被水稀释，则为 O/W 型；如果能被同种油稀释，则为 W/O 型。即乳状液能够被与其外相性质相同的液体所稀释，借助稀释法可以判断乳状液的类型（**注意**：当两相体积比明显改变时可能引起乳状液类型的改变）。也可以结合表面活性剂的类型特点采用染色法、电导法或折射率法等判断乳状液类型。

（2）乳状液的形成条件

通常，将互不相溶的两种液体直接混合后是得不到均匀稳定的乳状液的，混合后随即分开成两个单相。换句话说，把一种液相高度分散于另一液相中，会极大地增加体系的界面能（或界面张力），因此这一过程为非自发过程。形成的乳状液是热力学不稳定体系。

要得到均匀稳定的乳状液，一般需要三个条件：一是需要互不相溶的两种液体；二是机械搅拌，如采用高速搅拌机、乳化机、超声波等；三是加入乳化剂。其中，加入表面活性剂（即乳化剂）是重要条件，它可以显著减少两相之间的界面张力。

表面活性剂的乳化作用，主要是利用表面活性剂分子的两亲结构特征，在油水界面发生定向吸附，亲水基朝向水中，亲油基朝向油相，在油水界面形成稳定的界面膜，减少了两种液体之间的相界面，从而显著降低了油水两相间的界面张力，使体系的稳定性明显增加。

（3）乳化剂的选择

表面活性剂作为乳化剂时，需要符合以下条件：

① 必须有良好的表面活性，有效降低油-水界面的界面张力。

② 吸附在界面上的表面活性剂分之间或与其他吸附分子之间存在侧向相互吸引力，从而形成凝聚膜。

③ 制备 O/W 型乳状液时，选择水溶性较强的乳化剂；制备 W/O 型乳状液时，选择油溶性较强的乳化剂。

④ 采用水溶性较大和油溶性较大的表面活性剂进行复配，得到的混合乳化剂通常比单一表面活性剂具有更好的乳化效果，形成更为稳定的乳状液。

⑤ 采用疏水基与被乳化物结构相近的乳化剂，可提高被乳化物与表面活性剂疏水基之间的亲和力，形成稳定的乳状液。

⑥ 选用乳化剂时，添加一定量的离子型表面活性剂，可以使乳液粒子表面带有同种电荷而相互排斥，可以得到较为稳定的乳状液。

乳化剂的选择方法通常有亲水亲油平衡值（HLB）法、相转变温度（PIT）法、内聚能比（CER）法、乳液转变点（EIP）法、CMC 法等。尽管 PIT 法已经在化妆品、食品、印染助剂、农药等乳状液配制中得到应用，但应用最为广泛的还是 HLB 法。

（4）HLB 法与乳化剂的选择

将每一种油相乳化成 W/O 型或 O/W 乳状液时，需要的乳化剂都对应一个最佳的亲水亲油平衡值，即 HLB 值。表 3-22 列出了部分油相乳化时所需乳化剂的 HLB 值。实验时可以根据已知表面活性剂的 HLB 值选择合适的油相，特别是不知道采用何种表面活性剂作为乳化剂时，可以用 HLB 值来帮助参考。

表 3-22　乳化各种油相所需要的 HLB 值

油相	W/O 型乳状液	O/W 型乳状液
油酸	—	17
硬脂酸	—	17
亚油酸	—	16
苯或甲苯	—	15
蜂蜡	—	9
二甲基硅	—	9
煤油	6	12
羊毛脂(无水)	8	12
矿物油(芳香油)	4	12
矿物油(烷烃油)	4	10
氯化石蜡	—	12~14
石蜡	4	10
凡士林	4	7~8
菜籽油	—	7
豆油	—	6
硅油	—	10.5
汽油	7	—

通常情况使用复合乳化剂，其乳化效果好于单一乳化剂。也可以根据 HLB 值选择复合乳化剂。单一乳化剂的 HLB 值可以借助实验（如水数法）得到，也可以采用理论计算法获得。计算公式示例如下：

$$HLB = 7 + \sum 亲水基数 - \sum 亲油基数 \qquad (3\text{-}15)$$

其中亲水基数、亲油基数见表 3-23。

表 3-23　常用表面活性剂亲水基、亲油基的基团数

亲水基团	基团数	亲油基团	基团数
SO_4Na	38.7	—CH—	0.475
COOK	21.1	$—CH_2—$	0.475
COONa	19.1	$—CH_3$	0.475
—N(叔胺)	9.4	=CH	0.475
酯(山梨醇环)	6.8	$—CF_2—$	0.87
酯(自由)	2.4	$—CF_3$	0.87
COOH	2.1	$—CH_2—CH_2—CH_2—O—$	0.15
OH(自由)	1.9	$—CH_2—CH(CH_3)—O—$	0.15
—O—	1.3		
—OH(山梨醇环)	0.5		
$—CH_2—CH_2—O—$	0.33		

复合乳化剂的 HLB 值可以由组分中各乳化剂的 HLB 值及质量分数计算得到。

$$HLB_{复合乳化剂} = \sum (HLB_i \times m_i)/\sum m_i \qquad (3\text{-}16)$$

式中，$HLB_{复合乳化剂}$ 为复合乳化剂的 HLB 值；HLB_i 为组分 i 乳化剂的 HLB 值；m_i 为组分 i 乳化剂的质量分数。

（5）乳化力的测定原理

本实验采用分相法测定表面活性剂的乳化力。将一定量的表面活性剂溶液与不溶于水的油类用机械方法搅拌或者振荡，使其成乳液，经过一定时间静置分层后，根据分离出来一定数量的油剂所需时间的长短来判断乳化力的大小。

仪器和药品

仪器：具塞刻度量筒（100mL，2 只）、秒表、容量瓶（100mL，2 只）、移液管（20mL，2 支）、电子天平、恒温水浴槽、烧杯（100mL，3 只）。

药品：液状石蜡、甲苯、蒸馏水、Span 80、乳化剂（双甘油硼酸酯单油酸酯产品）。

实验步骤

（1）溶液的配制

25g/L 标准溶液的配制：称取 0.2500g Span 80 于小烧杯中，用 5mL 乙醇溶解，蒸馏水稀释并完全转移至 100mL 容量瓶中，水稀释至刻度并摇匀。

25g/L 待测液的配制：称取 0.25g 双甘油硼酸酯单油酸酯产品于小烧杯中，用类似的

方法配制 25g/L 水溶液。

（2）乳化力的测定步骤

分别量取 25g/L 标准样品溶液和待测试样溶液各 20mL，置于 100mL 具塞量筒中，加 20mL 液体石蜡，30℃水浴保温 5min，剧烈摇动 10 次后静置 1min，重复上述操作 5 次后，静置同时记录时间，至水相分离出 10mL 为止。记录时间。

（3）乳状液类型的判断

在上述量筒中，分别继续加入 10mL 液体石蜡。30℃水浴保温 5min，剧烈摇动 10 次后静置 1min，重复上述操作 5 次后静置并立即记下时间，至水相分离出 10mL 为止。记录时间。

（4）复合乳化剂的乳化力测定

量取 25g/L 待测试样溶液 16mL 置于 100mL 具塞量筒中，加入 25g/L 标准溶液 4mL，振荡摇匀。加 20mL 液体石蜡，30℃水浴保温 5min，剧烈摇动 10 次后静置 1min，重复上述操作 5 次后，静置同时记录时间，至水相分离出 10mL 为止。记录时间。

以甲苯代替液体石蜡，重复上述（2）～（4）步骤。

实验数据记录

记录相应数据于表 3-24 中。

室温（℃）：　　　　　　　　　样品浓度（%）：

表 3-24　双甘油硼酸酯单油酸酯对几种溶剂的乳化性能测试数据记录

溶剂	分出 10mL 水层的时间/s		续加 10mL 溶剂分出 10mL 水层的时间/s		分出 10mL 水层的时间/s
	样品	Span 80	样品	Span 80	样品：Span 80(体积比)＝4：1
液体石蜡					
乳状液类型					
甲苯					
乳状液类型					

实验数据处理

① 将双甘油硼酸酯单油酸酯溶液对几种溶剂的乳化效果进行比较，对几种油的乳化力的强弱顺序为何？

② 根据实验结果，能够判断出双甘油硼酸酯单油酸酯对液体石蜡形成的乳状液的类型吗？是何种类型？

思考题

① 可否根据理论计算法预测双甘油硼酸酯单油酸酯的 HLB 值是多少？

② 使用单一乳化剂时，双甘油硼酸酯单油酸酯对哪种油具有较好的乳化作用？为什么？

③ 当用双甘油硼酸酯单油酸酯作甲苯的乳化剂时乳状液属于哪种类型？采用甲苯稀释时乳状液是否会发生转型？如果使用水稀释会怎样？

④ 溶液配制时为何要加入乙醇？是否还有其他更好的方法代替？

实验 5 双甘油硼酸酯单油酸酯的中试车间工艺设计

设计题目

60t/a 双甘油硼酸酯单油酸酯中试车间工艺设计。

设计时间

一周时间。

设计原始数据

以小试实验工艺条件为依据，设计一个年产 60t 的双甘油硼酸酯单油酸酯的中试车间的工艺流程。

设计内容与设计说明书

（1）设计内容与要求

① 要求学生查阅资料，设计工艺技术流程；

② 结合产量，按照有关设计规定进行物料衡算和能量衡算；

③ 根据国家标准绘制双甘油硼酸酯单油酸酯的工艺流程图（PFD）；

④ 根据工艺路线和反应特征，选取合适的反应器和传质分离设备，提出过程控制方案；

⑤ 选择一个非标设备（反应器、精馏塔、储罐）进行工艺设计；

⑥ 编制工艺设计设计说明书。

（2）工艺设计说明书

① 对双甘油硼酸酯单油酸酯的简要文献综述；

② 进行工艺路线选择、设计工艺流程以及流程简述；

③ 物料衡算；

④ 热量衡算；

⑤ 设备工艺计算；

⑥ 绘制工艺流程图（PFD）；

⑦ 非标设备设计过程。

（3）其他要求

① 鼓励使用现代设计软件，Aspen Plus、Pro Ⅱ、ChemCAD、ChemDraw Ultra 不限。

② 两个人一组，积极、主动、协同完成作品。

工作计划

工作计划见表 3-25。

表 3-25　一周工作计划

时间顺序	工作内容	备注
第一天	解读设计任务、查阅数据及实验结果、建立流程、用 CAD 绘制 PFD 图	
第二天	进行物料衡算	可以使用软件
第三天	进行热量衡算	可以使用软件
第四天	典型非标设备工艺设计	
第五天	撰写工艺设计说明书	

考核与评分办法

（1）考核方式

依据说明书文档的规范性和图纸的质量来评定成绩。

（2）评分办法

制定评分标准。从下列几个方面综合评价：

① 工艺流程的完整性与正确性：要求与小试工艺相符合；

② 计算数据的科学性；

③ 设备选型要求与小试要求相适应；

④ 设计图纸（PFD 图）内容完整、绘图表达的正确性；

⑤ 设计说明书格式规范、内容完整性；

⑥ 现代设计方法及工具应用。

参考文献

[1] 谢亚杰，高丽红 . 双甘油硼酸酯单脂肪酸酯的合成及乳化性能 [J]. 精细石油化工，2004（1）：57-60.

[2] 陈飞，周孙进，龙得金 . 甘油硼酸油酸酯的合成与应用研究 [J]. 广东石油化工学院学报，2011，21（3）：31-34.

[3] 谢彩梅，龙得金，周孙进 . 油溶性表面活性剂甘油硼酸油酸酯的合成研究 [J]. 广东化工，2009，36（11）：40-41.

[4] 吴际萍，陈达峰，赵佳胤，等 . 滴定法测定橄榄油中酸值不确定度的评估 [J]. 粮食与食品工业，2013，20（6）：92-96.

[5] 毛培坤 . 合成洗涤剂工业分析 [M]. 北京：轻工业出版社，1985.

[6] 熊杰明，杨索和 . Aspen Plus 实例教程 [M]. 北京：化学工业出版社，2013.

[7] 中国石化集团上海工程有限公司 . 化工工艺设计手册（上、下册）[M]. 北京：化学工业出版社，2009.

[8] 傅承碧，等 . 流程模拟软件 ChemCAD 在化工中的应用 [M]. 北京：中国石化出版社，2013.

[9] 蔡纪宁，赵惠清 . 化工制图 [M]. 第 2 版 . 北京：化学工业出版社，2008.

[10] 李功祥，等 . 常用化工单元设备设计 [M]. 广州：华南理工大学出版社，2006.

[11] 周家华，崔英德，吴雅红 . 表面活性剂 HLB 值的分析测定与计算 [J]. 精细石油化工，2001（4）：38-40.

[12] 王祥荣 . 纺织印染助剂生产与应用 [M]. 南京：江苏科学技术出版社，2004.

项目 4　颜料超分散剂——苯乙烯-马来酸酐共聚物聚氧乙烯酯（LSMA）产品工程

聚氨酯（PU）色浆是具有透湿防水功能的涂层材料之一。当把酞菁蓝与钛白粉两种颜料加入到聚氨酯体系时，由于有机颜料与无机颜料性质的显著差别，容易造成颜料的分离析出，即色浆表面会出现蓝料析出或白料聚集（也称浮色）现象。浮色现象对 PU 色浆的产品质量以及后续涂层材料的产品质量将会造成显著影响。因此，分散剂使用是否得当成为控制 PU 涂层色浆防浮色效果的关键因素。

苯乙烯-马来酸酐共聚物聚氧乙烯脂肪醇酯（简称 LSMA）是一类高分子型表面活性剂，也称超分散剂，可以将酞菁蓝和钛白粉两种颜料有效地分散到聚氨酯体系中。可以得到颜色鲜艳且均匀稳定的分散体系。该分散剂的结构式见图 3-16，其中 m 为 12、14、16 或 18；n 为 3 或 9；p 为自然数。

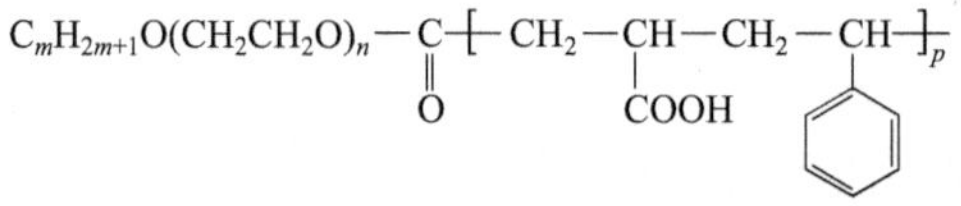

$$C_mH_{2m+1}O(CH_2CH_2O)_n-C \overset{}{\underset{O}{(}} CH_2-CH-CH_2-CH \underset{COOH}{)_p}$$

图 3-16　LSMA 分散剂的结构式

本项目以苯乙烯-马来酸酐共聚物聚氧乙烯脂肪醇酯为例，进行化工专业综合实验技能训练，内容分三部分。第一，总体方案设计。查阅文献，设计研究方案（包括合成、产物酸值测定、分散性能测定等），撰写文献综述及研究方案报告。第二，进入实验室完成合成实验与酸值测定内容，撰写合成实验报告。第三，完成分散性能的测定，撰写实验报告。总计大约需要 64 学时，其中课上与课后学时比大约为 5：3。学时分配见表 3-26。

表 3-26　学时分配表

序号	实验名称	课内学时	地点或方式	课外学时
1	超分散剂 LSMA 产品工程的方案设计	12	教室、图书馆或利用网络资源	12
2	超分散剂 LSMA 的合成	20	专业实验室	8
3	超分散剂 LSMA 对颜料分散性能的测定	8	专业实验室	4
学时小计		40		24
学时总计		64		

实验 1　超分散剂 LSMA 产品工程的方案设计

实验目的

① 训练与培养设计聚合反应实验方案的能力。
② 掌握溶液聚合基本原理与实验操作技术。
③ 掌握共聚物酸值的测定方法。
④ 掌握超分散剂在非水体系分散酞菁蓝和钛白粉复合颜料的测定方法。
⑤ 训练根据小试实验结果设计中试生产工艺及设备的基本能力。

实验原理

苯乙烯-马来酸酐共聚物聚氧乙烯脂肪醇酯可以由两步法合成。第一步，将马来酸酐与苯乙烯按等物质的量投料，在过氧化苯甲酰（BPO）引发下，在甲苯溶剂中发生共聚。分离提纯后的共聚物在乙酸乙酯中与脂肪醇聚氧乙烯醚（AEO_n）发生酯化反应，得到苯乙烯-马来酸酐共聚物聚氧乙烯脂肪醇酯（LSMA）。其合成反应方程式如图 3-17 所示，其中 m 为 12、14、16 或 18；n 为 3、4、5、6、7、8 或 9；p 为自然数。

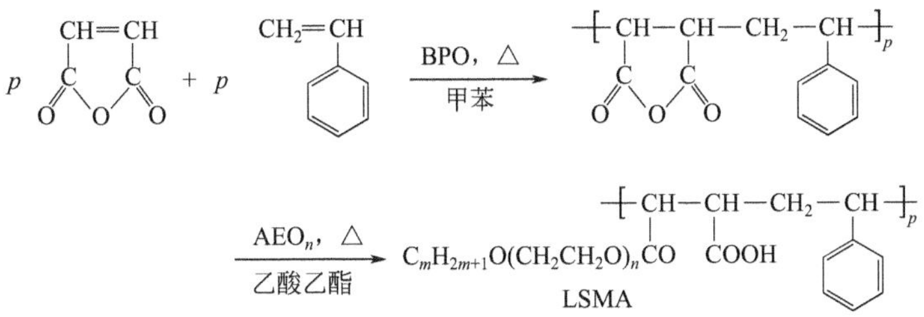

图 3-17　LSMA 的合成路线

实验方案的设计内容与要求

（1）合成方案的设计要求

① 中间体——苯乙烯-马来酸酐共聚物（SMA）的合成实验条件与要求：

原料配比：$n_{苯乙烯}$ ：$n_{马来酸酐}$ ＝1：1；

溶剂：甲苯；

反应温度与时间控制：75～78℃保持 1h；

引发剂：BPO 8％（占苯乙烯的摩尔分数）；

分离方式：抽滤。

设计内容与要求：

a. 设计实验装置并画出装置图；

b. 设计实验操作步骤；

c. 提出实验所需的仪器与试剂。

② 超分散剂 LSMA 的合成实验条件与要求：

原料配比：$n_{共聚物马来酸}$ ：n_{AEO_3} ＝1：1；

溶剂：乙酸乙酯；

反应温度与时间控制：75～76℃保持 3h；

产品固含量：40％。

设计内容：

a. 设计实验装置并画出装置图；

b. 结合实验流程设计实验操作步骤；

c. 提出实验所需的仪器与试剂。

（2）SMA 中 MA 含量的分析

共聚物中马来酸酐的质量分数计算式如下：

$$w_{MA}=\frac{98.06n}{2m}\times100\% \tag{3-17}$$

式中，n 为滴定共聚物所消耗的氢氧化钠的物质的量；m 为样品共聚物的质量。

分析内容与要求：

a. 讨论 SMA 共聚物的分子结构特点；

b. 讨论马来酸酐含量的测定方法；

c. 设计实验步骤；

d. 提出实验所需的仪器与试剂。

（3）颜料分散性能的测定

以聚氨酯为分散体，加入 1% 的超分散剂（以 100g PU 树脂质量计算），70g 的乙酸乙酯，10g 的钛白粉、0.50g 的酞菁蓝，电动搅拌 40min。

设计内容与要求：

a. 查阅资料，讨论非水体系颜料分散性能的测定方法，简单描述测定原理；

b. 以所合成的苯乙烯-马来酸酐共聚物聚氧乙烯脂肪醇酯产品为分散剂，设计实验步骤；

c. 提出实验所需的仪器与试剂。

（4）可行性报告

可行性报告内容要求：

① 合成原理及方程式；

② 合成实验步骤及装置；

③ 中间体 SMA 中 MA 含量的分析方法；

④ 颜料分散性能应用；

⑤ 主要参考文献。

实验 2　超分散剂 LSMA 的合成

实验目的

掌握沉淀聚合法制备苯乙烯-马来酸酐共聚物及其聚氧乙烯脂肪醇酯的方法。

实验原理

超分散剂 LSMA 的合成路线如图 3-18 所示。

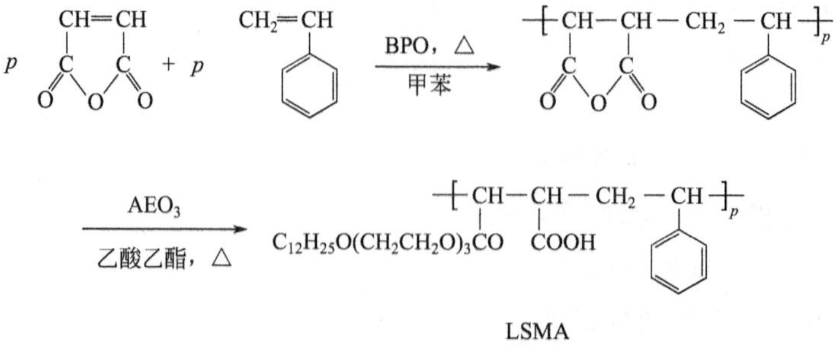

图 3-18　超分散剂 LSMA 的合成路线（AEO$_3$ 为酯化剂）

实验分两步进行。第一步，马来酸酐与苯乙烯等物质的量反应，在过氧化苯甲酰（BPO）引发下，在甲苯溶剂中于 75～78℃下发生共聚沉淀。第二步，分离后的共聚物

（中的酸酐）在热乙酸乙酯中，与环氧乙烷平均加成数为 3 的脂肪醇聚氧乙烯醚（AEO$_3$）发生酯化反应，得到一定固含量的苯乙烯-马来酸酐共聚物聚氧乙烯脂肪醇酯（LSMA）产品。其中第一步共聚物的结构是决定最终产品分散性能的关键。

苯乙烯和马来酸酐的竞聚率分别为：$r_1 = 0.04$，$r_2 = 0.015$。理论上二者可以近似按照 1∶1 的摩尔比共聚。但是由于二者竞聚率都很小，极易发生强放热反应而使反应难以控制。所以加料顺序十分重要。有三种方法。方法一是将苯乙烯、马来酸酐、BPO、甲苯等一次性加入釜内，也称一步法，明显的缺点是引发时间太长，反应速率太快，容易爆聚，产物难以控制。方法二是滴加 BPO 法，即先将苯乙烯、马来酸酐和部分甲苯加入釜内，再滴加 BPO 与剩余的甲苯溶液。该法不仅麻烦，同时也存在方法一的问题。方法三是滴加苯乙烯甲苯溶液。苯乙烯和马来酸酐按 1∶1 计量。先用部分甲苯在釜内溶解马来酸酐，搅拌下将 BPO 与 1/3 的苯乙烯加入釜内，控制温度反应发生后，再滴加剩余的苯乙烯与甲苯溶液。该法反应平稳，易于控制。本实验采用方法三合成中间体 SMA。

第二步反应中，要求 AEO$_3$ 与共聚物 SMA 中的马来酸酐为等物质的量为宜。聚合反应控制的不确定性，导致马来酸酐与苯乙烯的共聚有可能不是完全按照 1∶1 进行的。或者说共聚产物中马来酸酐的含量有可能少于理论比例。因此，投料前必须首先知道共聚物中马来酸酐的含量，进而换算出所需要的 AEO$_3$ 的质量。SMA 中马来酸酐含量的测定借助酸碱滴定法求得。

$$\text{NaOH（剩余）} + \text{HCl} \longrightarrow \text{NaCl} + H_2O \tag{3-19}$$

使用酚酞指示终点。共聚物中马来酸酐的质量分数计算式如下：

$$w_{MA} = \frac{(M_{NaOH}V_{NaOH} - M_{HCl}V_{HCl}) \times 98.06}{2 \times m \times 1000} \times 100\% \tag{3-20}$$

式中，M_{NaOH}、M_{HCl} 分别为 NaOH 与 HCl 标准溶液的体积摩尔浓度，mol/L；V_{NaOH} 为 NaOH 溶液的体积，30mL；V_{HCl} 为消耗的 HCl 标准溶液的体积，mL；m 为样品共聚物的质量，g；w_{MA} 为共聚物中马来酸酐的质量分数。

仪器和药品

仪器：增力电动搅拌器、水浴锅、球形冷凝管、温度计、锚式搅拌桨、三口烧瓶（250mL）、四口烧瓶（250mL）、酸式滴定管、烧杯（150mL）、量筒（10mL、20mL）、恒压滴液漏斗、减压抽滤装置一套。

药品：苯乙烯（104.15g/mol）、马来酸酐（98.06g/mol）、BPO（242.23g/mol）、甲苯（100mL）、AEO$_3$（以 318g/mol 计，物质的量应与共聚物中马来酸酐的物质的量一致）、乙酸乙酯（以产物固含量 40% 计）、0.1mol/L NaOH 溶液、0.1mol/L HCl 溶液。

实验步骤

（1）中间体苯乙烯-马来酸酐共聚物的合成

称取马来酸酐（6.86g，0.07mol）放入带有电动搅拌器、水浴锅、球形冷凝管、温度计的四口烧瓶中，加入甲苯（60mL）搅拌溶解。称取过氧化苯甲酰（BPO，0.34g，0.0014mol）于小烧杯中，称取苯乙烯（已经蒸馏过7.30g，0.07mol）于10mL量筒内（或借助密度计量体积）。然后将1/3的苯乙烯倒入BPO的小烧杯中混合均匀后倒入四口烧瓶中，搅拌。另取20mL甲苯连同剩余的2/3苯乙烯一同转移至滴液漏斗内并安装在四口烧瓶上。反应釜搅拌下升温至74～76℃，保持20min左右出现白色沉淀，开始反应，搅拌下缓慢滴加剩余部分的苯乙烯甲苯溶液。约1～1.5h加完，保持0.5h，升温至85℃，保持半小时。反应产物减压过滤，110℃烘干2h。得到白色粉末，称重。

（2）SMA中MA含量的测定

准确称取0.1g共聚物产品于锥形瓶中，准确加入30mL 0.1mol/L的NaOH标准溶液（过量），接入球形冷凝管回流1h，冷却后滴入2～3滴酚酞，用的0.1mol/L盐酸标准溶液滴定过量的NaOH，滴到溶液变成浅粉红色为止。记录滴定消耗的HCl溶液的体积。计算出MA在SMA中的质量分数w_{MA}。其中0.1mol/L的NaOH标准溶液与0.1mol/L的盐酸标准溶液的制备参见附录1和附录2。实验数据记入表3-27。

表3-27　SMA中MA含量测定的实验数据

项目	SMA质量m/g	V_{NaOH}/mL	M_{NaOH}/(mol/L)	V_{HCl}/mL	M_{HCl}/(mol/L)	w_{MA}/%
数量						

（3）超分散剂LSMA的合成

称取中间体8.0g（其中MA摩尔数$n_{MA} \approx 8.0 \times w_{MA}/98.06$）于250mL三口烧瓶中。加入与MA等物质的量的AEO$_3$（$n_{MA} \times 318$g，n_{MA} mol），称取一定质量的乙酸乙酯（乙酸乙酯的质量以使固含量40%计）装入四口烧瓶内，搅拌均匀。注意：缓慢升温至70℃左右时体系黏度会迅速增大甚至凝固，搅拌应缓慢进行！76℃左右体系固体开始逐渐减少，黏度下降，加强搅拌直至固体消失，保持反应3h，得到均匀的淡黄色液为最终超分散剂产品。

实验数据记录

实验数据记入表3-28。

室温：

表3-28　超分散剂TBA合成实验数据记录

物质名称	苯乙烯	马来酸酐	BPO	甲苯	中间体	AEO$_3$	乙酸乙酯
物料量m或V							
颜色与状态							

实验数据处理

① 根据公式计算出SMA中MA的含量w_{MA}；

② 给出得到的超分散剂LSMA的产品数量及状态。

思考题

① 结合得到的中间体的重量，讨论影响共聚反应的主要因素有哪些。

② 实验中为何使用已经蒸馏过的苯乙烯？

③ 实验中 AEO_3 的加入量如何计算？

④ 讨论 BPO 的使用温度范围。

⑤ 为什么要测定共聚物中马来酸酐的含量？

⑥ 如果 AEO_3 中的碳链部分是由多种不同碳数烷基的混合物构成的，实验中为了计算 AEO_3 的质量，需要给定什么前提条件？

⑦ 共聚物酯化时为什么会出现体系黏度随温度升高而升高而后又下降的现象？

实验3　超分散剂 LSMA 对颜料分散性能的测定

实验目的

① 了解和掌握表面活性剂分散作用的原理；

② 了解和掌握颜料分散稳定性的测定方法。

分散稳定性测定原理

固体以微粒状分散于液体中并保持稳定的过程称为分散作用。颜料在液体中分散后得到的悬浮液称为色浆。色浆在热力学上是不稳定的，颜料粒子愈小，表面能愈高，在搅拌等作用下，相互碰撞的粒子很容易发生聚集；溶剂蒸发亦容易促使较小颗粒的颜料聚集形成能量较低的大粒子。由此说明，颜料粒子的聚集是不可避免的。颜料分散体系的稳定性与粒子表面特性、被分散介质的润湿与分布状态等因素有关。为使颜料分散后形成的细小微粒不再聚集，加入分散剂是不可缺少的。分散剂一般具有亲水基团和亲油基团。根据结构不同通常分为传统分散剂（即小分子表面活性剂）、阴离子电解质和超分散剂（即高分子表面活性剂）。超分散剂的分子量一般在 1000～30000。

色浆的颜色、着色强度、遮盖性、均匀性、牢度等应用性能很大程度上取决于颜料在溶液中的颗粒大小及其分布。颜料粒径越小，分散性越好，着色强度、遮盖性及染色均匀性均将得到较大幅度的提高，而牢度将有所降低，黏度亦将增加。颜料颗粒粒径大小和颜料色浆的分散性除了决定所用分散剂的表面特性以外，还与分散液中电解质、pH 值、研磨介质的粒径、研磨时间和颜料结构等制浆工艺条件密切相关。

本实验以钛白粉与酞菁蓝两种颜料为例，测定其在乙酸乙酯色浆中的分散稳定性。

钛白粉学名二氧化钛，被认为是目前世界上性能最好的一种白色颜料，黏附力强，具有优良的遮盖力和着色牢度，不易起化学变化，无毒，特别是纳米二氧化钛粒子是一种稳定无毒的紫外线吸收剂，可以有效防止基料 PU 树脂因受到太阳中紫外线的长期照射导致分子链的降解而影响涂膜的物性。在水体系中采用易溶于水的表面活性剂、无机电解质或超分散剂均可分散。但钛白粉表面极性高，不溶于大部分有机溶剂，在非水体系分散时只能使用超分散剂。

酞菁蓝是一种对酸、碱、热和光都很稳定，具有鲜艳颜色和极强着色力的有机颜料，广泛应用于涂料、油漆、油墨等行业。国产酞菁蓝颜料的表面极性低，分散性差，在涂料中极易絮凝，因此需借助超分散剂改善其分散性和稳定性。使用的超分散剂的分子结构主要有两部分：一部分为锚固基团，如—COOH、—SO₃H、多元醇等；另一部分为溶剂化链，这部分将直接决定分散后颗粒在分散介质中的稳定性。

颜料分散稳定性的测定方法有沉降法、流变性测定法、浊度光度法等。最广泛应用的是沉降法，其虽存在耗时长（一般需一周以上）、人为误差较大、结果重现性差等缺点，但可以在没有任何特殊仪器的条件下进行，且直观准确。如果将其稀释后做离心加速沉降，则可能产生沉降机理上的差异，"就地"分析时误差大。

沉降法原理：将按照一定比例配制并研磨好的分散体试样装入干净的试管中密闭静置，定时观察分层现象。每隔一段时间测量分层高度。根据下式计算相对沉降速率。

$$K = \frac{h}{H} \tag{3-21}$$

式中，h 为清液高度，mm；H 为装样总高度，mm。

流变性测定法原理：将按照一定比例配制并研磨好的分散体样品静置一定时间，在 $(40 \pm 0.5)℃$（或室温）时采用旋转黏度计测定不同剪切速率 D 下的剪切应力 τ。表观黏度计算公式为：

$$\eta_{sp} = \frac{\tau}{D} \tag{3-22}$$

式中，η_{sp} 为表观黏度，mPa·s；τ 为剪切应力，mN/m²；D 为剪切速率，s⁻¹。

流变性测定法不需要对浓体系进行稀释，可以"就地"分析，减少测量偏差，对高固体分颜料分散体系有实际意义。

仪器和药品

仪器：锥形磨（配有玻璃珠）、刮板细度计、恒温水浴、旋转（数字）黏度计、烧杯（250mL，3 只）、电子天平、超声波、具塞刻度试管 3 支。

药品：羟基丙烯酸树脂或 PU 树脂、乙酸乙酯、钛白粉、酞菁蓝、超分散剂。

实验步骤

（1）钛白粉分散性的测定

① 分散剂体系的制备　按照表 3-29 配方 1 的比例依次将羟基丙烯酸树脂（或 PU 树脂）、钛白粉（或/和酞菁蓝）、乙酸乙酯、超分散剂（固含量 40%）加入锥形磨混合均匀，然后加入一定量的玻璃珠，以 600r/min 的转速开始研磨，每隔 10min 用刮板细度计测一次研磨的浆料的粒径，直到细度达到 5μm 为止。

表 3-29　分散体系配方

配方	1	2	3
羟基丙烯酸树脂(55%)/g	100	100	100
钛白粉/g	10		10
酞菁蓝/g		10	0.5
乙酸乙酯/g	70	70	70
超分散剂(40%)/g	1.0	1	1.8

注：也可用 PU 树脂代替羟基树脂（55%）。

② 分散性测定步骤

a. 沉降法：将研磨好的钛白粉-羟基丙烯酸树脂的浆料装入干净的刻度试管中。旋紧磨口塞密封试管口，存放于试管架中静置，记录初始高度 H。每隔一定时间观察分层现象并记录清液高度 h。直至 4h 为止。

b. 流变性测定法：将研磨好的钛白粉-羟基丙烯酸树脂的浆料（未稀释）静置相同时间（4h），在温度为（20±1）℃恒温下，用旋转（或数字）黏度计测定黏度。剪切速率先由低到高依次测其黏度，再从高到低依次测其黏度，分别记录对应的剪切速率 D 和剪切应力 τ 值。

（2）酞菁蓝分散性的测定

① 分散剂体系的制备　按照表 3-29 配方 2 的比例，按照步骤（1）① 制备酞菁蓝-羟基丙烯酸树脂的浆料。

② 分散性测定步骤

a. 按照步骤（1）② a. 测定酞菁蓝-羟基丙烯酸树脂的浆料的沉降高度。

b. 按照步骤（1）② b. 测定酞菁蓝-羟基丙烯酸树脂的浆料的黏度。

（3）钛白粉-酞菁蓝分散性的测定

① 分散剂体系的制备　按照表 3-29 配方 3 的比例，按照步骤（1）① 制备钛白粉-酞菁蓝-羟基丙烯酸树脂的浆料。

② 分散性测定步骤

a. 按照步骤（1）② a. 测定钛白粉-酞菁蓝-羟基丙烯酸树脂的浆料的沉降高度。

b. 按照步骤（1）② b. 测定钛白粉-酞菁蓝-羟基丙烯酸树脂的浆料的黏度。

实验数据记录

仪器测量条件：　　　　仪器型号：　　　　　　温度：

（1）观察记录分散体的稳定性随时间的变化情况

分别记录三种色浆在 1h、2h、4h、6h 的沉降高度于表 3-30 中。

表 3-30　三种色浆随时间分层的清液高度记录

试样	清液高度/cm			
	1h	2h	4h	6h
钛白粉色浆				
酞菁蓝色浆				
蓝-白混合色浆				

（2）黏度测定记录

色浆在不同剪切速率下的剪切应力值及对应计算出的表观黏度数据记入表 3-31。

表 3-31　三种色浆黏度测定记录

转子号：　　　　　　转速：

试样	指标	剪切速率/s^{-1}			
		D_1	D_2	D_3	D_4
钛白粉色浆	剪切应力 τ/(mN/m^2)				
	黏度 η_{sp}/mPa·s				

续表

试样	指标	剪切速率/s⁻¹			
		D_1	D_2	D_3	D_4
酞菁蓝色浆	剪切应力 τ/(mN/m²)				
	黏度 η_{sp}/mPa·s				
蓝-白混合色浆	剪切应力 τ/(mN/m²)				
	黏度 η_{sp}/mPa·s				

实验数据处理

根据表 3-30 的数据比较分散体表面随时间的分层程度与聚集程度，判断分散体的稳定性。

根据表 3-31 的数据分析分散体的黏度以判断其流体力学类型（牛顿或非牛顿流体）。

思考题

① 颜料分散稳定性的测定方法有哪几种？

② 本实验用的超分散剂可以用于水体系中酞菁蓝的分散吗？为什么？

③ 颜料分散体的表观稳定性可以用哪些手段或指标来表达？

参考文献

[1] 谢亚杰，刘深，蔡丽玲.高性能混凝土超塑化剂的作用与结构特征 [J].嘉兴学院学报，2003，15（3）：35-37，43.

[2] 吴娇娇，顾恩光，王兵雷，等.苯乙烯-马来酸酐共聚物磺酸钾的合成及分散性能 [J].嘉兴学院学报，2002，14（S1）：129-132.

[3] 谢亚杰，吴建一.苯乙烯-马来酸酐共聚物磺酸盐单羧酸盐的表面张力及其水泥分散性能 [J].精细石油化工，2004（2）：26-28.

[4] 谢亚杰.聚羧酸型表面活性剂的合成及粘度性能研究 [J].皖西学院学报，2003，19（5）：41-43.

[5] 鲁佳萍.超分散剂的合成及颜料分散性能的研究 [D].嘉兴：嘉兴学院，2010.

[6] 张友恭，须国华.苯乙烯和马来酸酐共聚物的交替共聚合反应 [J].西北轻工业学院学报，1995，13（1）：35-38.

[7] 廖正福，李达凡，罗朝明.苯乙烯/马来酸酐共聚物的合成及性能研究 [J].弹性体，2004，14（6）：19-21.

[8] 刘安华，吴璧耀，蒋子铎.钛白-甲苯体系的流变性与分散稳定性关系 [J].国外建材科技，1995，16（1）：34-36.

模块4　制药工程综合实验

4.1　概　　述

4.1.1　制药工程的概念与发展沿革

（1）制药工程的概念

制药工程是一个化学、药学（中药学）和工程学交叉的工科类专业，以培养从事药品制造，新工艺、新设备、新品种的开发、放大和设计的人才为目标。

（2）发展沿革

世界首个制药工程专业是在 1996 年成立于美国新泽西州大学。我国的制药工程是1998 年在教育部的本科专业目录上首次出现，1999 年开始正式成立。尽管制药工程专业在名称上是新的，但是从学科沿革来看它的产生并不是全新的，是相近专业的延续。

正式出现制药工程专业这个名称以前，国内的高校依据自身的条件已经设置了与此相关的专业，譬如化学制药专业、中药学专业、抗生素专业、精细化工专业、微生物制药专业等。这些专业有的是设置在医药科大学，有些设置在综合性大学，更多的是设置在理工科大学。当然，由于主管院校性质不同，这些专业的侧重点也是不同的。从专业面讲，新设的制药工程专业是一个宽口径的专业，它涉及化学制药、生物制药、中药制药等领域。

4.1.2　制药工程技术的分类及特点

（1）制药工程技术的分类

医药行业分为医药工业和医药商业两大类。医药工业包括化学制药工业（包括化学原料药业和化学制剂业）、中成药工业、中药饮片工业、生物制药工业、医疗器械工业、制药机械工业、医用材料和医疗用品制造工业。相应地，制药工业包括化学制药工业、生物制药工业、中药制药工业和制药机械工业。

（2）现代制药工业的分类

现代制药工业按照生产性质分为原料药生产和制剂生产，即按照药物来源和生产技术分为原料药生产（包括化学制药、中药制药和生物制药）和制剂生产（包括西药制剂、中药制剂和生物制剂）。

（3）现代制药工业的特点

① 高度的科学性与技术性；

② 生产分工细致、质量要求严格；

③ 生产技术复杂、品种多、剂型多；

④ 生产的合作性、连续性；

⑤ 高投入、高产出、高效益；

⑥ 制药工程技术在整个药物发明、药物临床研究、制药工程技术、药物产品及药品消费需求整个链条上，起到了承上启下的作用。

4.1.3　本部分主要内容

本部分重点围绕编者多年来的部分工作积累与本学科新近研究成果展开。主要以几种制药中间体、药品及其制剂为例，从小试实验（包括方案设计、合成、表征等）出发，扩展到中试设计训练（包括工艺流程、平面布置、主要设备等），形成了一套包括方案、实验、工艺、设备等较为系统的化学制药产品工程初步训练体系。目的在于培养学生的化学制药工程理念，提高学生实验方案设计与中试设计的能力。

4.2 综合实验部分

项目1 4-苄氧基乙酰苯胺的合成与工艺设计

4-苄氧基乙酰苯胺的合成包括 4-苄氧基硝基苯的制备、4-苄氧基苯胺的制备和 4-苄氧基乙酰苯胺的制备三个部分。下面按照实验顺序分别表述。

实验1 4-苄氧基硝基苯的制备

实验目的

① 掌握酚和苄氯醚化的方法和实际操作技术；

② 了解酚类化合物醚化的一些影响因素；

③ 熟练掌握减压抽滤、重结晶及固体产品干燥等基本实验操作；

④ 掌握利用薄层色谱法判断反应的终点和产品的结构分析。

实验原理

酚羟基具有一定的弱酸性，在碳酸钾为碱作用下变成酚氧负离子，与苄氯发生亲核取代反应生成芳醚，是一种保护酚羟基的重要方法。合成路线见图 4-1。

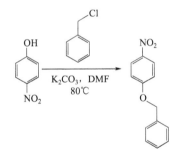

图 4-1 4-苄氧基硝基苯的合成路线

仪器和药品

仪器：250mL 三口烧瓶、球形冷凝管、磁力搅拌加热器、真空抽滤装置一套。

药品：4-硝基苯酚、苄氯、碳酸钾、DMF，所有试剂均为分析纯。

实验步骤

称取对硝基苯酚 10.0g（71.92mmol）于 100mL 三口烧瓶中，配备磁力搅拌器、温度计、回流冷凝管和干燥管，再加入干燥过的 40mL DMF、10g 苄氯和研磨过的碳酸钾 14.8g（108mmol）。加热并控制反应温度在 80～90℃左右。搅拌 2～3h，薄层色谱法检验对硝基苯酚是否反应完全。2.5h 后检测得原料反应完全。

反应完毕后，倒入 150mL 冰水中冷却，析出固体。减压抽滤并用蒸馏水洗涤，得到白色固体，放入烘箱中干燥。干燥后产品质量为 13.98g，产率为 97%。中间体再进行相

精细化工实验与设计

应的熔点测定、红外和核磁进行结构表征。

注意事项和思考题

　　① 醚化反应需要注意哪些问题？

　　② 碳酸钾的主要作用是什么？

　　③ 后处理为什么要加水来析出产品？

实验 2　4-苄氧基苯胺的制备

实验目的

　　① 掌握硝基还原成氨基的机理；

　　② 了解硝基还原成氨基的不同方法和反应注意事项；

　　③ 巩固实验的一些基本操作方法。

实验原理

　　芳环上硝基还原成氨基是一类重要的反应，还原剂的种类也很多，选择清洁的还原工艺有利于环境保护（图 4-2）。

图 4-2　4-苄氧基苯胺的合成路线

仪器和药品

　　仪器：100mL 三口圆底烧瓶、球形冷凝管、恒压滴液漏斗、磁力搅拌加热器、真空抽滤装置一套。

　　药品：实验 1 产物、Raney Ni、水合肼、氢气、三氯化铁、活性炭、乙醇。

实验步骤

　　（1）水合肼还原

　　在三口圆底烧瓶中加入 7.36g（32.1mmol）4-苄氧基硝基苯、0.3g 三氯化铁、1.5g 活性炭和 11.0g 80％（0.176mol）水合肼（过量），取 40mL 乙醇作为反应的溶剂，装上回流装置，反应温度在 80℃左右，回流保温反应 0.5～2h，TLC 检测反应终点。反应结束后，热过滤，除去活性炭。将滤液倒入 150mL 蒸馏水中，析出固体，真空干燥后称量。产品质量为 6.22g，收率为 97.3％。

　　（2）Raney Ni 还原

　　在三口圆底烧瓶中加入 7.36g（32.1mmol）4-苄氧基硝基苯、0.5g Raney Ni 和 40mL 乙醇，装上回流冷凝管。反应体系先抽真空再用氢气置换，重复 2～3 次，加热回流 0.5～2h，TLC 检测反应终点。反应结束后，除去催化剂。将滤液倒入 150mL 蒸馏水中，析出固体，真空干燥后称量。产品质量为 6.23g，收率为 98.6％。

注意事项和思考题

　　① 使用催化加氢应注意什么事项？

　　② 为什么加热之前体系需要抽真空再用氢气置换？

　　③ 水合肼还原的原理是什么？

实验3　4-苄氧基乙酰苯胺的制备

实验目的

　　① 掌握氨基酰化的反应原理及操作方法；

　　② 了解氨基酰化反应的常用方法。

实验原理

　　4-苄氧基苯胺和乙酰氯或者乙酸酐发生酰胺化反应制备4-苄氧基乙酰苯胺，合成路线如图4-3所示。

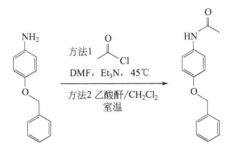

图4-3　4-苄氧基乙酰苯胺的合成路线

仪器和药品

　　仪器：50mL三口烧瓶、恒压底液漏斗、温度计、磁力搅拌加热器、真空抽滤装置一套。

　　药品：实验2产物、乙酸酐或乙酰氯、三乙胺、二氯甲烷、DMF，所有试剂均为分析纯。

方法步骤

　　乙酰氯刺激性比较大，实验选用乙酸酐为酰胺化试剂。

　　在50mL三口烧瓶中加入3.0g（15.0mmol）的4-苄氧基苯胺和15mL二氯甲烷，反应在室温下用恒压滴液漏斗缓慢滴加乙酸酐2.3g（22.6mmol），用薄层板检测反应终点。反应过程中会发现产品会析出，抽滤，干燥后得产品3.4g，产率94.0%左右。

　　对产品进行相应的熔点、IR和^1H NMR表征。

注意事项和思考题

　　① 酰氯作为酰化试剂为什么使用三乙胺？

　　② 采用二氯甲烷为溶剂为什么产品会析出？

　　③ 反应能否在高温下进行？

实验4　设计部分

设计任务

　　① 完成4-苄氧基乙酰苯胺合成工艺方案设计，绘制带主体设备的工艺条件图，编写

工艺设计说明书。

② 完成总厂布局方案设计，绘制总厂布局图（带功能区），编写设计说明书。需要结合实际选址情况与相关规范进行分析、说明。

设计内容

（1）设计方案简介

对给定或选定的工艺流程、主要设备的类型进行简要的论述。

（2）图纸

① 合成工艺流程图（A3）。

② 制剂工艺流程图（A3）。

③ 总厂布局图（A3）。

（3）设计结果（包括涉及的主要设备及其用途、工艺简介、制剂辅料等）评述、汇总

（4）参考文献

（5）时间安排

星期一：课程介绍与课程要求布置；学生完成准备工作。

星期二：设计方案简介、工艺流程草图及说明。

星期三：总厂布局方案简介与总厂布局图。

星期四：小结，参考文献。

星期五：提交设计说明书与图纸。

设计工作要求

（1）正确的设计思想和认真负责的设计态度

设计应结合实际进行，力求经济、实用、可靠和先进。

设计应对生产负责。设计中的每一数据、每一笔一画都要准确可靠，负责到底。

（2）独立的工作能力及灵活运用所学知识分析问题和解决问题的能力

设计由学生独立完成，教师只起指导作用，学生在设计中碰到的问题和教师进行讨论。教师只做提示和启发，由学生自己去解决问题，指导教师原则上不负责检查计算结果的准确性，学生应自己负责计算结果的准确性、可靠性。

学生在设计中可以相互讨论，但不能照抄。

（3）掌握装置设计的一般方法和步骤

（4）正确运用各种参考资料，合理选用各种经验公式和数据

由于所用资料不同，各种经验公式和数据可能会有一些差别。设计者应尽可能了解这些公式、数据的来历、适用范围，并能正确地运用。

设计前，学生应该详细阅读设计指导书、任务书，明确设计目的、任务及内容。设计中安排好自己的工作，提高工作效率。

参考文献

[1] 熊孤莉．青霉素结合蛋白研究进展 [J]．国外医药抗生素分册，2004，25（5）：193-197.

[2] 王睿，柴栋．细菌耐药机制与临床治疗对策 [J]．国外医药抗生素分册，2003，24（3）：97-102.

[3] 黄金竹，母连军．碳青霉烯类抗生素的研究概况 [J]．国外医药抗生素分册，2007，28（4）：145-154.

[4]　刘光荣，蒋晨．抗 MRSA 有效的 β-甲基碳青霉烯类衍生物研究进展 [J]．国外医药抗生素分册，2004，25（6）：253-257．

[5]　纳德尼克 P，施托姆 O，克雷明格 P．晶体形式的美罗培南中间体：1960992A [P]．2007-05-09．

[6]　游雪甫，陈慧贞．美罗培南的药理和临床应用 [J]．国外医药抗生素分册，2000，21（1）：27-32．

[7]　张永龙，李家泰，Meropenem．一个新的碳青霉烯类抗生素 [J]．中国临床药理学杂志，1998，14（3）：174-180．

[8]　梅丹．新的碳青霉烯类抗生素——美罗培南 [J]．中国药学，1998，33（11）：696-697．

[9]　Ma J N. Studies of post-antibiotic effects of imipenem/cilastatin [J]．中国抗生素，1998，23（6）：443．

[10]　黄仲义．美罗培南的药理学与临床应用 [J]．中国新药与临床杂志，2005，24（12）：971-977．

[11]　白鹏．制药工程导论 [M]．北京：化学工业出版社，2005．

项目2　王浆酸的合成及工艺设计

王浆酸的合成包括四个部分：①1,8-辛二醇单边乙酰化；②8-乙酰基-1-辛醛的制备；③10-乙酰基-2-癸烯酸乙酯的合成；④(E)-10-羟基-2-癸烯酸的合成。

实验1　1,8-辛二醇单边乙酰化

实验目的

①　掌握了二醇单边酯化的方法和实际操作技术；

②　明确单边乙酰化的方法选择及优缺点比较；

③　练掌握萃取、抽滤及蒸馏的基本实验操作；

④　掌握气相分析的操作方法。

实验原理

对称二醇的单边保护是一类重要的反应，保护基有很多种，选择经济的保护基利于生产需要。本方法采用乙酸酐为酯化剂，因为是单边保护，乙酸酐的用量为1倍量利于单边酯化，反应如图 4-4 所示。

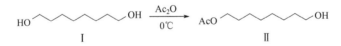

图 4-4　8-乙酰基-1-辛醇的合成路线

仪器和药品

仪器：100mL 三口烧瓶、球形冷凝管、恒压滴液漏斗、磁力搅拌加热器。

药品：1,8-辛二醇、乙酸酐、吡啶、二氯甲烷、饱和碳酸氢钠水溶液、无水硫酸镁。

实验步骤

实验操作：在 100mL 三口烧瓶中加入 5g（0.034mol）1,8-辛二醇、3.18mL（0.034mol）乙酸酐，再加入 40mL 干燥的四氢呋喃和 10mL 吡啶溶解，在冰浴搅拌下反应 5h，TLC 检测反应（石油醚：乙酸乙酯＝1：1）。反应完毕后，真空除去四氢呋喃和吡啶后，用饱和 $NaHCO_3$ 溶液调节混合液的 pH 值在 7 左右，10mL×3 CH_2Cl_2 萃取，有机层用无水 $MgSO_4$ 干燥，过滤，滤液放入冰箱过夜结晶。过滤除去未反应的 1,8-辛二醇（1g）回收，滤液蒸去乙醚得淡黄色油状液体产物Ⅱ 4.26g，产率82.7%。

注意事项和思考题

① 反应在0～5℃进行，温度过高单边选择性较差。

② 反应中乙酸酐用量能否过量？为什么？

③ 后处理为什么需要冰箱冷却过夜结晶？

实验2　8-乙酰基-1-辛醛的制备

实验目的

① 掌握反应的原理；

② 掌握两相反应的操作方法；

③ 巩固实验的基本操作方法；

④ 巩固气相分析的操作方法。

实验原理

醇羟基的氧化需要选择合适的氧化剂，如果氧化产物为羧酸需要强的氧化剂，若氧化成醛需要弱的氧化剂。本项目中需要把一级醇氧化成醛基，采用经济的次氯酸钠为氧化剂，TEMPO为催化剂，具体路线如图4-5所示。

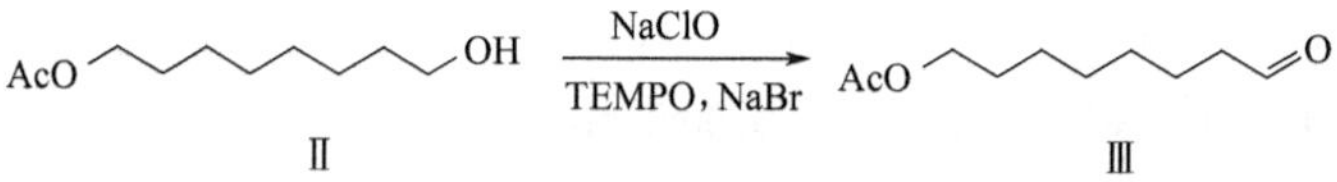

图4-5　8-乙酰基-1-辛醛的合成路线

仪器和药品

仪器：250mL三口圆底烧瓶、球形冷凝管、恒压滴液漏斗、磁力搅拌加热器。

药品：8-乙酰氧基-1-辛醇、次氯酸钠水溶液、TEMPO催化剂、溴化钠、二氯甲烷、碳酸氢钠。

方法步骤

在250mL三口圆底烧瓶中加入4.26g（0.023mol）8-乙酰基-1-辛醇Ⅱ、55mL二氯甲烷，在冰浴下加入0.26g（0.0025mol）NaBr、0.04g（0.00025mol）TEMPO，在冰浴搅拌慢慢滴加58mL NaClO和23mL饱和NaHCO₃混合溶液（混合液的pH值在10左右），2h滴完，冰浴搅拌继续反应0.5h，溶液变乳白色。TLC检测（石油醚：乙酸乙酯=2∶1），反应完毕后停止反应，静置，分液并分出有机层，无水MgSO₄干燥，过滤，滤液蒸去CH₂Cl₂得淡黄色油状液体，得目标产物Ⅲ 4.13g，产率97.50%。

注意事项和思考题

① 反应在0～5℃进行，温度过高会出现什么结果。

② TEMPO催化剂的催化原理是什么？

③ 反应中加入溴化钠的目的什么？

④ 还有什么氧化剂也可以将醇氧化成醛？

实验3　10-乙酰基-2-癸烯酸乙酯的合成

实验目的

① 掌握 Wittig-Horner 反应的反应机理；

② 了解两相反应的注意事项；

③ 掌握通过气相和液相判断反应是否达到反应终点。

实验原理

Wittig-Horner 反应（维蒂希-霍纳尔反应）是一个用氧化膦稳定的碳负离子与醛加成，生成 β-羟基氧化膦，而后与碱作用，消除生成烯烃的反应，是 Wittig 反应的改进。反应用稳定的膦酸酯碳负离子代替磷叶立德，与醛、酮反应生成烯烃，主要产生 E-型烯烃。路线如图 4-6 所示。

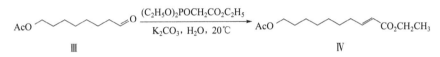

图 4-6　10-乙酰基-2-癸烯酸乙酯的合成路线

仪器和药品

仪器：100mL 单口烧瓶、分液漏斗、磁力搅拌器。

药品：8-乙酰氧基辛醛、膦酰乙酸三乙酯、碳酸钾、二氯甲烷。

方法步骤

在 100mL 单口烧瓶中加入 4g（0.02mol）8-乙酰基-1-辛醛 Ⅲ、8g（0.056mol）K_2CO_3、8mL（0.042mol）膦酰基乙酸三乙酯、32mL H_2O，常温搅拌反应 15h，TLC 检测（石油醚∶乙酸乙酯＝3∶1），反应完毕后用 10mL×3 二氯甲烷萃取，有机层用无水 $MgSO_4$ 干燥，过滤，滤液蒸去二氯甲烷，得砖红色油状液体目标产物 Ⅳ 5.43g，产率 98.8%。

注意事项和思考题

① 比较 Wittig-Horner 反应与 Wittig 反应的相同点和不同点。

② 反应中用到的碳酸钾主要起什么作用？

③ 反应能否在较高温度下进行？

实验4　（E）-10-羟基-2-癸烯酸的合成

实验目的

① 掌握酯水解的基本机理；

② 掌握实验的基本操作过程；

③ 产品纯度通过液相色谱进行分析，熟练掌握液相色谱的分析方法。

实验原理

酯基水解是一类比较简单的反应，不过在反应中要考虑到其他官能团的性质，一般在氢氧化钠的乙醇水溶液中室温水解就可以。有的酯基比较难水解，需要加热回流条件。反应路线如图 4-7 所示。

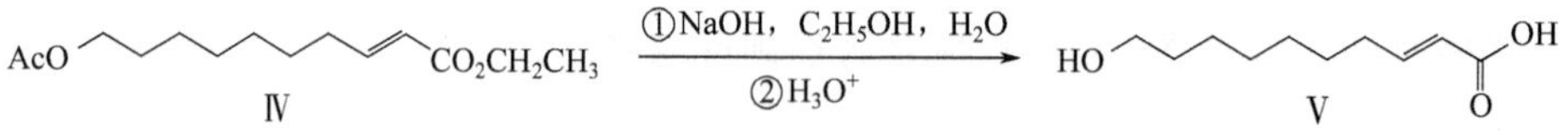

图 4-7 （E)-10-羟基-2-癸烯酸的合成路线

仪器和药品

仪器：单口烧瓶（100mL）、磁力搅拌器、真空抽滤装置一套。

药品：10-乙酰基-2-癸烯酸乙酯、10％氢氧化钠水溶液、乙醇、二氯甲烷、浓盐酸。

实验步骤

在 100mL 单口烧瓶中加入 4.2g（0.016mol）Ⅳ、40mL 10％ NaOH、20mL 乙醇，常温搅拌反应 4h，反应完毕后加入冰水 10mL，溶液颜色为淡黄色。在冰浴下逐滴加入浓盐酸，调节溶液 pH，产生大量白色沉淀。当 pH＝5 时，溶液颜色突变为白色，产生大量白色沉淀，继续滴加浓盐酸使溶液酸化至 pH＝3，摇匀放入冰箱过夜结晶，过滤，得白色固体王浆酸产品 V 1.79g，产率 58.9％。产品进行相应的红外和核磁共振结构表征。

注意事项和思考题

① 盐酸酸化的时候要在冰浴下进行并且要充分搅拌。

② 粗品可以用 $V_{石油醚}$∶$V_{乙醚}$＝1∶1 进行重结晶。

实验5 设计部分

设计任务

① 完成王浆酸合成工艺方案设计，绘制带主体设备的工艺流程图，编写工艺设计说明书。

② 完成总厂布局方案设计，绘制总厂布局图（带功能区），编写设计说明书。需要结合实际选址情况与相关规范进行分析、说明。

设计内容

（1）设计方案简介

对给定或选定的工艺流程、主要设备的型式进行简要的论述。

（2）图纸

① 合成工艺流程图（A3）。

② 制剂工艺流程图（A3）。

③ 总厂布局图（A3）。

（3）设计结果（包括涉及的主要设备及其用途、工艺简介、制剂辅料等）评述、汇总

（4）参考文献

（5）时间安排

星期一：课程介绍与课程要求布置；学生完成准备工作。

星期二：设计方案简介、工艺流程草图及说明。

星期三：总厂布局方案简介与总厂布局图。

星期四：小结，参考文献。

星期五：提交设计说明书与图纸。

设计工作要求

（1）正确的设计思想和认真负责的设计态度

设计应结合实际进行，力求经济、实用、可靠和先进。

设计应对生产负责。设计中的每一数据、每一笔一画都要准确可靠，负责到底。

（2）独立的工作能力及灵活运用所学知识分析问题和解决问题的能力

设计由学生独立完成，教师只起指导作用，学生在设计中碰到的问题和教师进行讨论。教师只做提示和启发，由学生自己去解决问题，指导教师原则上不负责检查计算结果的准确性，学生应自己负责计算结果的准确性、可靠性。

学生在设计中可以相互讨论，但不能照抄。

（3）掌握装置设计的一般方法和步骤

（4）正确运用各种参考资料，合理选用各种经验公式和数据

由于所用资料不同，各种经验公式和数据可能会有一些差别。设计者应尽可能了解这些公式、数据的来历、适用范围，并能正确地运用。

设计前，学生应该详细阅读设计指导书、任务书，明确设计目的、任务及内容。设计中安排好自己的工作，提高工作效率。

附：

（1）王浆酸的核磁氢谱（图 4-8）

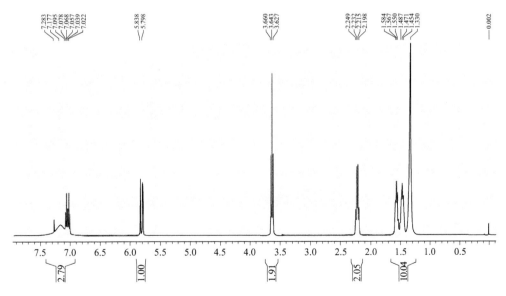

图 4-8　王浆酸的核磁氢谱

（2）王浆酸的核磁碳谱（图 4-9）

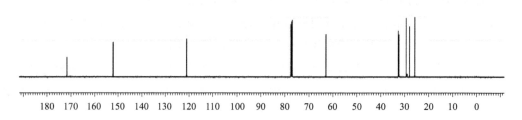

图 4-9 王浆酸的核磁共振碳谱

参考文献

[1] 周贻森，朱林晓，吴斌飞，等.1,8-辛二醇单边乙酰化合成工艺研究 [J].广州化工，2012，40（23）：54-56.

[2] 黄林美，刘慧燕，刘玉珠，等.王浆酸的新合成方法 [J].嘉兴学院学报，2011，23（6）：100-103.

[3] Zong Qian-Shou, Wu Jian-Yi. A New Approach to the synthesis of royal jelly acid [J]. Chemistry of Natural compounds, 2014, 50（3）：399-401.

[4] 宗乾收，黄林美，吴建一，等.王浆酸的制备方法：CN 102267893A [P].2011-12-07.

[5] 全哲山，张洛成，等.10-羟基-2-癸烯酸的合成 [J].延边医学院学报，1992，15（1）：19-20.

[6] 李全，古昆，程晓红，等.王浆酸的合成 [J].化学世界，2007（5）：294-297.

[7] Ishmuratov G-Y, Yakovleva M P, et al. Two approaches to the synthesis of 9-oxo-and 10-hydroxy-2E-decenoic acids, important components of queen substance and royal jelly of honeybees [J].Chem Natural Compounds，2008，44（1）：74-76.

[8] 曾和平，赵业富，等.13-羟基十三碳-2-烯酸的合成 [J].化学试剂，1990，12（3）：185-186.

[9] 李全，杨晓梅，程晓红，等.一种合成蜂王物质的简便方法 [J].云南大学学报，2008，30（6）：611-613.

[10] Tani H, Takahashi S, et al. Isolation of （E）-9,10-dihydroxy-2-decenoic acid from royal jelly and determination of absolute configuration by chemical synthsis [J]. Tetrahedron：Asymmetry，2009（20）：457-460.

项目 3　7-甲氧基黄酮的合成及工艺设计

实验 1　丹皮酚酯化

实验目的

　　① 掌握丹皮酚酯化的方法和实际操作技术；

② 明确酰化的方法选择及优缺点比较；

③ 熟练掌握萃取、抽滤及蒸馏的基本实验操作；

④ 掌握气相分析的操作方法。

实验原理

酚羟基和酰氯发生酯化反应，反应中加入三乙胺为缚酸剂，由于酰氯的活性非常活泼，一般需要在低温度条件下进行反应，如图 4-10 所示。

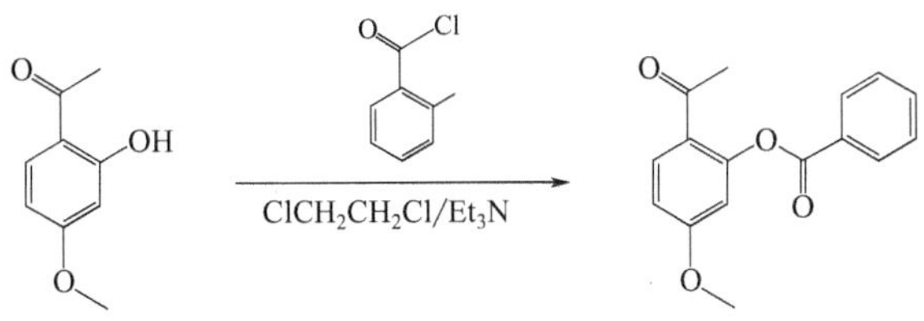

图 4-10 丹皮酚酯化反应路线

仪器和药品

仪器：100mL 三口圆底烧瓶、单口烧瓶 50mL 烧杯、球形冷凝管、恒压滴液漏斗、磁力搅拌加热器、真空抽滤装置一套。

药品：丹皮酚、苯甲酰氯、三乙胺、二氯甲烷、1,2-二氯乙烷、饱和碳酸氢钠水溶液、无水硫酸镁。

实验步骤

称取对甲氧基苯甲酰氯 10.01g（0.058mol）于 50mL 烧杯中，加入干燥过的 1,2-二氯乙烷 40mL，用玻璃棒搅拌溶解，再转移到恒压滴液漏斗中。三口圆底烧瓶（配温度计、磁力搅拌器、恒压滴液漏斗）中依次加入丹皮酚 8.02g（0.048mol）、溶剂 1,2-二氯乙烷 20mL 和三乙胺 7.01g（0.070mol），从恒压滴液漏斗中缓慢滴加对苯甲酰氯，控制 30min 滴完。温度会升高，控制反应温度在 40℃左右，滴加完毕后继续搅拌（此时溶液呈浅黄色）。搅拌 2～4h（反应过程中溶液会有黏稠现象），从搅拌 2h 开始，每隔 0.5h 点板，检测丹皮酚是否反应完全。2.5h 检测得原料反应完全。

反应完毕后加 30mL 水搅拌 0.5h 后分液，上层为水层，下层为有机层。有机相再加 30mL 水洗涤分液后，转入锥形瓶中加入一定量的无水硫酸镁进行干燥。抽滤除去干燥剂，滤液转入单口烧瓶中，在 40℃下，减压蒸馏除去溶剂得产品，产品在干燥箱干燥 12h 后称重，为 13.98g。产率为 97％。中间体进行相应的结构表征。

注意事项和思考题

① 反应中注意苯甲酰氯的滴加速度，滴加速度过快导致反应温度过高。

② 反应中三乙胺的主要作用是什么？

③ 后处理为什么要用水洗？

实验 2　贝克-文卡塔拉曼重排反应

实验目的

　　① 掌握反应的原理；

　　② 掌握无水反应的操作方法。

实验原理

　　该反应为分子内的酮酯缩合反应，叔丁醇钾为强碱，反应路线如图 4-11 所示。

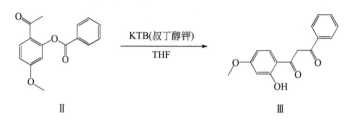

图 4-11　重排反应过程

仪器和药品

　　仪器：100mL 单口烧瓶、100mL 三口烧瓶、干燥管、温度计及套管、球形冷凝管、恒压滴液漏斗、磁力搅拌加热器、真空抽滤装置一套。

　　药品：实验 1 产物、叔丁醇钾、四氢呋喃、无水乙醇、3mol/L 盐酸。

方法步骤

　　在三口圆底烧瓶（配温度计、磁力搅拌器、冷凝管、干燥管）中加实验 1 产物 Ⅱ（酚酯）2.00g（0.0067mol），加入叔丁醇钾 0.90g（0.0081mol），再加四氢呋喃 40mL，磁力搅拌升温至 60℃ 左右。搅拌 30min 左右，溶液会变黏稠（黄色），继续反应 2~5h，2h 后每隔 1h 点板检测原料是否反应完全。待原料反应完全后，将其转移到 100mL 单口烧瓶中，冷却反应液至室温。在 30℃ 下，减压蒸馏除去溶剂 THF（呈现黄色固体），加入 20mL 蒸馏水，固体溶解（溶液呈红棕色）。慢慢加入 3mol/L 盐酸酸化至溶液呈酸性，pH 为 4 左右。会出现大量黄色沉淀，抽滤，并用水洗涤产物，放入真空干燥箱干燥 12h，得产品。称重得粗品 1.64g，点板检测产品纯度。粗品收率为 82.1%。

　　将粗品转入 100mL 单口烧瓶中（配磁力搅拌器、冷凝管、干燥管），再加 10mL 无水乙醇，搅拌下加热至 80℃ 左右（溶液变红棕色），继续搅拌 1h 后缓慢降温，边降温边搅拌，几分钟后观察到有大量淡黄色固体析出。温度降至 30℃ 左右后，将单口烧瓶置于冰浴中，静置结晶。30min 后抽滤，沉淀用少量无水乙醇洗涤，沉淀干燥 3h 后得产品。点板检验纯度（纯），称重得产品为 1.19g，收率为 72%。

思考题

　　① 使用叔丁醇钾需要注意什么问题？

　　② 反应中为什么有大量固体产生？

实验3　酸催化异构化反应

实验目的

① 掌握酸催化反应的反应机理；

② 了解两相反应的注意事项；

③ 掌握通过液相判断反应是否达到反应终点。

实验原理

1,3-二酮在酸性条件下形成烯醇式，再与酚羟基发生脱水生成醚，反应过程如图4-12所示。

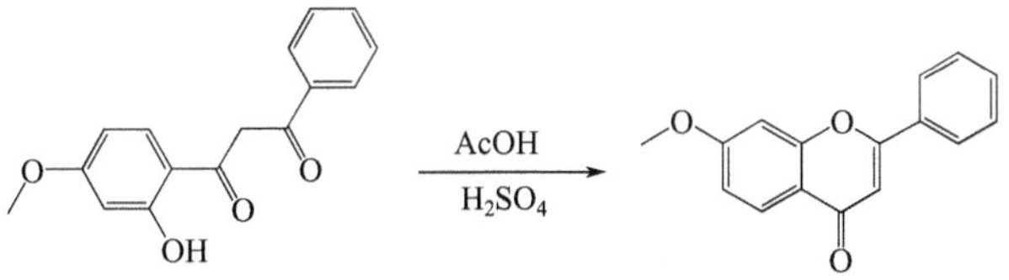

图4-12　酸催化异构化反应路线

仪器和药品

仪器：100mL三口圆底烧瓶、球形冷凝管、恒压滴液漏斗、磁力搅拌加热器、真空抽滤装置一套。

药品：实验2产物、冰醋酸、浓硫酸、二氯甲烷。

方法步骤

100mL三口圆底烧瓶（配温度计、磁力搅拌器）中加入实验2产物Ⅲ（1,3-二酮化合物）1.00g（0.0033mol）和50mL冰醋酸，机械搅拌下慢慢滴加0.5g浓硫酸，升温至60℃，30min左右溶液会变黏稠（明黄色）。继续反应1~2h，点板检测原料是否反应完全（液相色谱分析需要对反应液进行处理，取少许反应液加水振荡，加乙酸乙酯萃取，有机相进行液相色谱分析）。1.5h检测得原料反应完全。

反应完毕后冷却反应液至室温，加入冰-水混合物200mL，有固体生成，搅拌10min。抽滤并用水洗涤沉淀，放入培养皿在50℃下真空干燥箱干燥12h。称重得产品0.91g，产率97.7%左右。点板检验纯度较纯，因为实验2产物已打浆，此步骤可以省去打浆处理。目标物进行相应的结构表征。

注意事项和思考题

① 硫酸的主要作用是什么？

② 反应变黏稠是什么原因？

③ 反应能否在高温下进行？

实验4　设计部分

设计任务

① 完成7-甲氧基黄酮合成工艺方案设计，绘制带主体设备的工艺条件图（FPD），编

写工艺设计说明书。

　　② 完成总厂布局方案设计，绘制总厂布局图（带功能区），编写设计说明书。需要结合实际选址情况与相关规范进行分析、说明。

设计内容

　　（1）设计方案简介

　　对给定或选定的工艺流程、主要设备的类型进行简要的论述。

　　（2）图纸

　　① 合成工艺流程图（A3）。

　　② 制剂工艺流程图（A3）。

　　③ 总厂布局图（A3）。

　　（3）设计结果（包括涉及的主要设备及其用途、工艺简介、制剂辅料等）评述、汇总

　　（4）参考文献

　　（5）时间安排

　　星期一：课程介绍与课程要求布置；学生完成准备工作。

　　星期二：设计方案简介、工艺流程草图及说明。

　　星期三：总厂布局方案简介与总厂布局图。

　　星期四：小结，参考文献。

　　星期五：提交设计说明书与图纸。

设计工作要求

　　（1）正确的设计思想和认真负责的设计态度

　　设计应结合实际进行，力求经济、实用、可靠和先进。

　　设计应对生产负责。设计中的每一数据、每一笔一画都要准确可靠，负责到底。

　　（2）独立的工作能力及灵活运用所学知识分析问题和解决问题的能力

　　设计由学生独立完成，教师只起指导作用，学生在设计中碰到的问题和教师进行讨论。教师只做提示和启发，由学生自己去解决问题，指导教师原则上不负责检查计算结果的准确性，学生应自己负责计算结果的准确性、可靠性。

　　学生在设计中可以相互讨论，但不能照抄。

　　（3）掌握装置设计的一般方法和步骤

　　（4）正确运用各种参考资料，合理选用各种经验公式和数据

　　由于所用资料不同，各种经验公式和数据可能会有一些差别。设计者应尽可能了解这些公式、数据的来历、适用范围，并能正确地运用。

　　设计前，学生应该详细阅读设计指导书、任务书，明确设计目的、任务及内容。设计中安排好自己的工作，提高工作效率。

附：**7-甲氧基黄酮的氢核磁氢谱**（图 4-13）

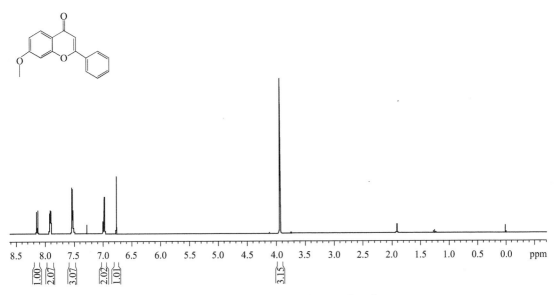

图 4-13　7-甲氧基黄酮的氢核磁共振谱

参考文献

［1］　延玺，等. 黄酮类化合物生理活性及合成研究进展［J］. 有机化学，2008，28（9）：1534-1544.

［2］　闫炳双. 7-乙酰水杨酰黄酮衍生物的合成［J］. 中国药物化学杂志，1994，4（3）：36-40.

［3］　闫炳双. 7-(1-咪唑)-烷养黄酮衍生物的合成［J］. 中国药物化学杂志，1995，5（1）：4-47.

［4］　郑梅花，等. 8-黄铜哌嗪衍生物的合成及生理活性研究［J］. 有机化学，2009，29（9）：1445-1449.

［5］　贺小凤，杨频. 黄酮类化合物的分子力学和量子化学研究［J］. 山西大学学报（自然科学版），1994，17（2）：188-191.

［6］　张振学，等. 黄酮金属络合物作为潜在药物的研制与开发［J］. 中草药，1996，27（3）：179-182.

项目 4　阿司匹林的合成、制剂、药物分析及工艺设计

阿司匹林，学名乙酰水杨酸，是由水杨酸（邻羟基苯甲酸）和乙酸酐合成的。1897年 8 月 10 日，德国拜耳分司费利克斯成功地合成了阿司匹林。一百多年来，阿司匹林不仅是一个使用广泛的、具有解热止痛作用和治疗感冒的药物，而且研究表明，它还能有效抑制心脏病的发生和中风时血液凝块的形成。

实验 1　阿司匹林的合成

实验目的

　　① 掌握阿司匹林合成的实验原理。

　　② 掌握阿司匹林产品的纯化及鉴定方法。

实验原理

　　水杨酸在硫酸为催化剂下和乙酸酐发生酯化反应，生成乙酰水杨酸，路线如图 4-14 所示：

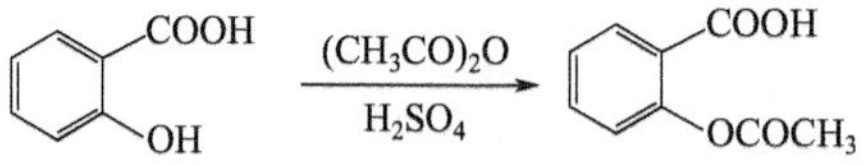

图 4-14　阿司匹林的合成路线

仪器和药品

仪器：50mL 三口烧瓶、球形冷凝管、恒压滴液漏斗、磁力搅拌加热器、真空抽滤装置一套。

药品：水杨酸、乙酸酐、浓硫酸、95％乙醇、三氯化铁溶液（100g/L）。

实验步骤

（1）产品制备

在 50mL 干燥的三口烧瓶中放置 6.3g（0.0456mol）干燥的水杨酸和 9.5g（约 9mL，0.093mol）的乙酸酐，然后加 10 滴浓硫酸，充分振摇使固体全部溶解。在水浴上加热，保持瓶内温度在 70℃左右，维持 20min，同时振摇。稍微冷却后，在不断搅拌下倒入 100mL 冷水中，并用冰水冷却 15min，抽滤后，乙酰水杨酸粗产品用冰水洗涤两次，烘干得乙酰水杨酸粗产品重约 7.6g（产率约 92.5％）。粗产品可用乙醇/水进行结晶，重结晶产品约 6.5g，熔点 134～136℃。乙酰水杨酸为白色针状结晶，熔点的文献值为 136℃。

（2）产物分析

在 2 支试管中分别放置 0.05g 水杨酸和本实验制得的阿司匹林，再加入 1mL 乙醇使晶体溶解。然后在每个试管中加入几滴 100g/L 三氯化铁溶液，观察其结果并加以对照，以确定产物中是否有水杨酸存在。

实验 2　固体制剂

实验目的

① 掌握药物固体制剂片剂的制备方法。

② 了解固体制剂配料的作用。

③ 了解片剂的质量检查方法。

实验原理

片剂是应用最广泛的药物剂型之一。压片的工艺流程中各工序都直接影响片剂的质量。片剂优点：剂量准确、质量稳定、服用方便、成本低。制片方法：制颗粒压片（分为湿法制粒和干法制粒）、结晶直接压片、粉末直接压片等。本实验采用的是湿法制粒。

阿司匹林片剂配方（100 片量，0.35～0.45g/片）见表 4-1。

表 4-1　阿司匹林片剂配方

成分	乙酰水杨酸	淀粉	酒石酸	10％淀粉浆	滑石粉
质量/g	30.0	3.0	0.15	适量	1.5

仪器和药品

仪器：压片机、研钵、筛网、天平。

药品：阿司匹林、酒石酸、淀粉、滑石粉。

实验步骤

（1）阿司匹林细粉的制备

自制阿司匹林样品适量置于研钵中磨成细粉，过80目筛备用。

（2）10％淀粉浆（黏合剂）的制备

将0.15g酒石酸（稳定剂）溶于100mL蒸馏水中，再加入淀粉约10g分散均匀，80～85℃加热搅拌糊化，制成10％淀粉浆约100mL。

（3）制粒压片

取上述配方量的阿司匹林细粉（主药）与淀粉（填充剂、吸收剂和崩解剂）混匀，加入适量10％淀粉浆制软材，过16目筛制粒，将湿颗粒于40～60℃干燥，过16目筛整粒，称干颗粒质量，加入颗粒量3％的滑石粉（润滑剂）混匀，以直径8mm冲模压片。

（4）片剂的质量检查

① 外观检查　片形应一致，表面完整光洁，边缘整齐，色泽均匀。

② 片重差异检查　片重差异直接影响片剂剂量的准确性。对于片重差异的限度，《中国药典》2015年版规定见表4-2。

表4-2　《中国药典》2015年版关于片重差异限度的规定

平均片重	片重差异限度
0.3g以下	±7.5％
0.3g及0.3g以上	±5.0％

取药片20片，准确称量总质量，求得平均片重后，再分别准确称量各片的质量。按下式计算片重差异：

$$片重差异 = \frac{每片质量 - 平均片重}{平均片重} \times 100\%$$

每片质量与平均片重相比较，超出片重差异限度的药片不得多于2片，并不得有1片超出限度1倍。

实验3　药物分析

实验目的

① 掌握片剂的药物分析方法。

② 了解片剂分析常用仪器设备的使用方法。

仪器和药品

仪器：崩解仪、溶出仪。

药品：片剂阿司匹林。

实验过程

(1) 崩解时限检查

片剂被服用后，必须破碎成小颗粒，形成较大的比表面积，以利于药物的溶出。崩解是溶出的前提条件；崩解时限检查采用吊篮法，使用崩解时限仪进行测定。取药片 6 片，分别置于仪器吊篮的玻璃管中，每管各加 1 片，吊篮浸入盛有 (37±1)℃ 水的 1L 烧杯中，开动马达按一定的频率 (30～32 次/min) 和幅度 [(55±2)mm] 往复运动。调节吊篮位置使其下降时筛网距烧杯底部 25mm，调节水位高度使吊篮上升时筛网在水面下 15mm 处。从片剂置于玻璃管时开始计时，至片剂全部崩解成碎片并全部通过玻璃管底筛网止，该段时间即为崩解时间，其应符合规定崩解时限 (压制片一般 15min)。如有 1 片崩解不全，应另取 6 片复试，均应符合规定。

(2) 片剂溶出度检查

① 标准曲线的建立　根据全波长扫描的结果，阿司匹林在人工胃液中的最大吸收波长为 279nm。精密称取阿司匹林标准品 100mg 用人工胃液 (pH 1.5 左右的盐酸溶液) 100mL 溶解，配制阿司匹林标准溶液。分别取阿司匹林标准液 1mL、2mL、5mL、10mL、15mL、20mL、25mL 于 50mL 容量瓶中，用人工胃液稀释至刻度后，此时浓度为 0.02mg/mL、0.04mg/mL、0.1mg/mL、0.2mg/mL、0.3mg/mL、0.4mg/mL、0.5mg/mL，分别于波长为 279nm 处测定吸光度 A，将浓度 c 对 A 值作线性回归方程：$A = Xc + B$。

② 溶出度测定　以人工胃液 1000mL 为介质，加热并保持在近于体温 [(37±1)℃]，调节磁子为 100r/min 的转速。取阿司匹林 6 片，分别投入 6 个转篮中，将转篮降入容器中，立即开始计时，至 45min，取稀释液 10mL。用微孔滤膜将稀释液的杂质滤过，滤液经紫外分光光度计在 279nm 处测定 A 值，再根据标准曲线方程式计算出浓度 c。

实验 4　设计部分

设计任务

① 完成阿司匹林原料药合成工艺方案设计，绘制带主体设备的工艺流程图，编写工艺设计说明书。

② 完成阿司匹林制剂工艺方案设计，绘制带主体设备的工艺流程图，编写工艺设计说明书 (包含选用的制剂方法、选用的辅料等)。

③ 完成总厂布局方案设计，绘制总厂布局图 (带功能区)，编写设计说明书。需要结合实际选址情况与相关规范进行分析、说明。

设计参数

(1) 剂型

胶囊剂、片剂、颗粒剂或者注射剂。

（2）厂址选择

嘉兴、湖州、绍兴、杭州或者温州。

设计内容

（1）设计方案简介

对给定或选定的工艺流程、主要设备的类型进行简要的论述。

（2）图纸

① 合成工艺流程图（A3）。

② 制剂工艺流程图（A3）。

③ 总厂布局图（A3）。

（3）设计结果（包括涉及的主要设备及其用途、工艺简介、制剂辅料等）评述、汇总

（4）参考文献

（5）时间安排

星期一：课程介绍与课程要求布置；学生完成准备工作。

星期二：设计方案简介、工艺流程草图及说明。

星期三：总厂布局方案简介与总厂布局图。

星期四：小结，参考文献。

星期五：提交设计说明书与图纸。

设计工作要求

（1）正确的设计思想和认真负责的设计态度

设计应结合实际进行，力求经济、实用、可靠和先进。

设计应对生产负责。设计中的每一数据、每一笔一画都要准确可靠，负责到底。

（2）独立的工作能力及灵活运用所学知识分析问题和解决问题的能力

设计由学生独立完成，教师只起指导作用，学生在设计中碰到的问题和教师进行讨论。教师只做提示和启发，由学生自己去解决问题，指导教师原则上不负责检查计算结果的准确性，学生应自己负责计算结果的准确性、可靠性。

学生在设计中可以相互讨论，但不能照抄。

（3）掌握装置设计的一般方法和步骤

（4）正确运用各种参考资料，合理选用各种经验公式和数据

由于所用资料不同，各种经验公式和数据可能会有一些差别。设计者应尽可能了解这些公式、数据的来历、适用范围，并能正确地运用。

设计前，学生应该详细阅读设计指导书、任务书，明确设计目的、任务及内容。设计中安排好自己的工作，提高工作效率。

参考文献

[1] 严正权，胡蕾，梁大伟，等. 阿司匹林半微量合成实验的改进 [J]. 化学教育，2008，29（12）：21-22.

[2] 叶晓镭，韩彬. 阿司匹林制备实验的改进和充实 [J]. 实验科学与技术，2004，2（4）：32-33.

［3］ 宋伟，梁萌，康健，等 . 阿司匹林多学科综合性学生实验的优化整合［J］. 中国医药科学，2013，3（8）：54-55.

［4］ 黄雅丽，娄本勇 . 阿司匹林铜配合物的制备与表征的探索与研究［J］. 实验室科学，2011，14（4）：32-33.

［5］ 赵临襄，赵广荣 . 制药工艺学［M］. 北京：人民卫生出版社，2014.

［6］ 杭太俊 . 药物分析［M］. 北京：人民卫生出版社，2011.

［7］ 胡伟光，张文英 . 定量化学分析测定［M］. 北京：化学工业出版社，2008.

［8］ 黄一石，乔子荣 . 定量化学分析［M］. 北京：化学工业出版社，2004.

［9］ 梁述忠，王炳强 . 药物分析［M］. 北京：化学工业出版社，2004.

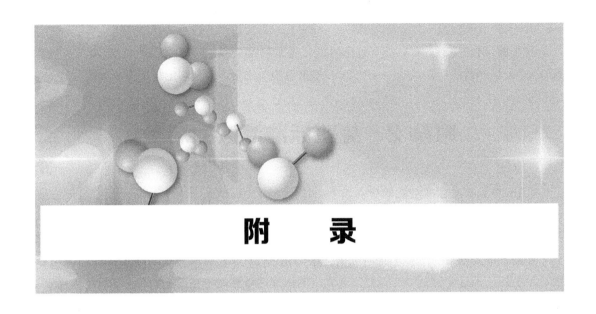

附　录

附录 1　氢氧化钠标准溶液的制备

（1）0.5mol/L 氢氧化钠标准溶液的制备

称取纯氢氧化钠 10g 于小烧杯中，加适量蒸馏水搅拌至完全溶解，然后转移至 500mL 试剂瓶中，稀释至需要体积，摇匀，备用。

将分析纯邻苯二甲酸氢钾于 120℃烘箱中约干燥 1h 至恒重。冷却 25min。准确称取 1.0～1.1g（精确至 0.001g）于 250mL 锥形瓶中，加入 30mL 蒸馏水溶解后，加 2 滴酚酞指示剂，用上述的氢氧化钠标准溶液滴定至微红色，30s 不褪色为终点。按下式计算氢氧化钠溶液的浓度：

$$M_{NaOH} = \frac{m}{V \times 204.2} \times 1000 \tag{附1}$$

式中　M_{NaOH}——氢氧化钠溶液的物质的量浓度，mol/L；

　　　　m——邻苯二甲酸氢钾的质量，g；

　　　　V——滴定时消耗氢氧化钠溶液的体积，mL；

　　　　204.2——邻苯二甲酸氢钠的摩尔质量。

实验需要平行测定三次，最后氢氧化钠溶液的准确浓度要取三次标定结果的平均值。

（2）0.1mol/L 氢氧化钠标准溶液的制备

方法①　稀释法

用 50mL 移液管准确移取已经标定过浓度的 0.5mol/L 氢氧化钠溶液 50mL 于 250mL 容量瓶中，用蒸馏水稀释至刻度，振荡摇匀。

原标准溶液浓度的 1/5 即为新配制的氢氧化钠标准溶液的准确浓度。

方法② 标定法

与步骤（1）类似，称取纯氢氧化钠 2g，先粗配成 500mL。然后标定。除需要"准确称取 0.3~0.4g（精确至 0.001g）于 250mL 锥形瓶中"之外，其他测定与计算步骤同（1）。

附录 2 盐酸标准溶液的制备

0.1mol/L 盐酸标准溶液的制备如下。

量取 4.2mL 浓盐酸（质量分数为 37%），倒入 500mL 试剂瓶中稀释至 500mL。用以下方法标定其浓度。

移液管准确移取 20mL 上述粗配的盐酸溶液于 250mL 锥形瓶中，加入 2 滴酚酞指示剂，用上述已经标定过的 0.1mol/L 氢氧化钠标准溶液滴定至微红色。30s 不褪色为终点。按下式计算 HCl 溶液的浓度：

$$M_{HCl} = \frac{M_{NaOH} V_{NaOH}}{V_{HCl}}$$ （附2）

式中 M_{NaOH}——氢氧化钠溶液的物质的量浓度，mol/L；

M_{HCl}——盐酸溶液的物质的量浓度，mol/L；

V_{NaOH}——氢氧化钠溶液的体积，mL；

V_{HCl}——消耗的 HCl 标准溶液的体积，mL。

实验需要平行测定三次，最后 HCl 标准溶液的准确浓度要取三次标定结果的平均值。